ニッポン宇宙開発秘史

元祖鳥人間から民間ロケットへ

的川泰宣 Matogawa Yasunori

はじめに

いま、世界の宇宙開発は岐路に立っています。

アメリカでは宇宙開発に参入する民間ベンチャー企業が存在感を増しており、なかには火星移住計画なんて話も聞こえてくる。一方で、近年になって目覚ましい経済発展を遂げた中国やインドなども、国を挙げて宇宙開発に参入しています。かつては、アメリカ、ソ連（ロシア）、ヨーロッパ、そして日本の四大国（地域）が、宇宙開発の大半を担っていたことを考えれば、隔世の感があります。

二〇二四年には、現在運用されている国際宇宙ステーション（ＩＳＳ）が「寿命」を迎える可能性が高いとされます。ＩＳＳは、これまで何度も運用期限が延長されており、いわば「延命措置」が繰り返されてきました。国際協力の象徴でもあるＩＳＳが無くなってしまった後、どのように宇宙と向き合っていくのか。宇宙開発にかけられる予算も縮小傾向にあるなか、何をめざして活動すべきなのか。あらゆる国が頭を悩ませています。日本も例外ではありません。いや、今後の立ち位置を最も考えねばならないのは、日本なのかもしれません。しかし私は、あまり悲観的ではないのです。なぜならば、日本人の技術やマインドこそが、これからの時代に求められていると考えるからです。

日本の宇宙開発史を振り返ってみると、「よくも見事に」と思うことの連続でした。さらに驚かされるのは、その多くが「人の力」によって成し遂げられたことです。そもそも戦争に負けて日本中が荒廃したにもかかわらず、たった一〇年後にはロケットを飛ばしているわけですから、感嘆せずにはいられません。

日本は「持たざる国」です。他国と比べて宇宙開発の予算が潤沢でないことは、昔も今もそう変わりません。しかし、「持たざる国」にこそ可能だったこともある。本書では、日本の宇宙開発の歩みを通して、そんな「日本の強み」を再発見したいと思います。ただ過去を振り返るのではなく、そこに未来へのヒントを見出そうという試みです。

＊

本書の構成を簡単に説明しておきます。

第一章は、宇宙開発の前史を担った人たちの物語です。当然ですが、宇宙に行くためには空を飛ばねばなりません。そうした意味で、江戸時代に空を飛ぼうとした表具職人や、明治時代に世界初の飛行機を考案した軍人なども、立派な「先駆者」です。また、世界の各地にも同じように空（宇宙）をめざした人がいました。そんな男たちの話です。

第二章では、ペンシルロケットの物語をお話しします。その開発者である糸川英夫先生は、「日本の宇宙開発の父」ともいわれるように、今日にまで至る宇宙開発の礎を築いた人物です。「金がないなら頭を使え」という言葉を残したように、傑出したアイデアマンでもありました。私たちが糸川先生に学ぶことは、いまなお多いはずです。

第三章は、日本のお家芸ともいえるX線天文学の物語です。一九七九年に打ち上げられたX線天文衛星の「はくちょう」とその後継機は、のちに「Small but quick is beautiful（小規模だが機動的なのは美しい）」と称えられました。そうした日本ならではの方法論を確認しつつ、最新のX線天文衛星である「ひとみ」（二〇一六年）のお話もします。

第四章は、ハレー彗星（すいせい）探査計画の物語です。このプロジェクトが画期的だったのは、日本が世界に先駆けてチャレンジしたことです。そして探査機の打ち上げに成功した後は、見事なまでの国際的協調を見せ、地球にとって「七六年に一度のチャンス」を逃しませんでした。ここにも未来のヒントがあると思います。

第五章では、小惑星探査機「はやぶさ」の物語をお話しします。「はやぶさ」の奇跡的な帰還は、日本中を騒がせるフィーバーとなりました。その裏には、小さな町工場の確かな技術があったことを見過ごしてはなりません。他国には絶対に真似のできない芸当といえるでしょう。二〇一八年に小惑星へと到着予定の「はやぶさ2」のお話もいたします。

最後の第六章は、それまで見てきた宇宙政策史を踏まえて、未来を展望してみたいと思います。世界各国の動きも参照し、日本が何をすべきか、日本人には何ができるかを改めて考えます。民間ロケットや「みちびき」など最新のトピックにも触れるつもりです。

　書名に「秘史」とあるように、なるべく楽しみながら読んでいただけるよう、知られざるエピソードや意外な舞台裏なども記しています。気軽な読み物として楽しみつつ、日本の宇宙開発を支えてきた情熱の一端を感じ取っていただければ幸いです。

本書をまとめるにあたっては、ＮＨＫ文化センターの中田光正さん、ライターの宮島理さん、ＮＨＫ出版の粕谷昭大さんに大変お世話になりました。ありがとうございました。

二〇一七年一〇月

的川泰宣

ニッポン宇宙開発秘史——元祖鳥人間から民間ロケットへ　目次

第一章　宇宙を夢みた男たち

すべては好奇心から始まった

これまで人類が宇宙をめざしてきた歴史のなかで、月面には人間が降り立ち、さらに火星、木星、土星、天王星、海王星へと探査機を飛ばしてきました。日本の宇宙開発も、小惑星探査機「はやぶさ」や月周回衛星「かぐや」など、数多くの貢献をしてきました。

私たち日本人はさまざまな宇宙計画を成し遂げてきましたし、国民も関心を持って見守ってきました。本書は、そんな日本人たちの物語をテーマにしています。しかし、この第一章では少し立ち止まって考えてみたい。なぜ私たちは宇宙をめざすのでしょうか。いったい何を原動力にして、人類はそうした偉業を成し遂げてきたのでしょうか。

よくよく考えると不思議なものです。宇宙開発には莫大なお金や時間がかかるし、時には生命の危険だってある。それでもなお私たちが宇宙をめざす動機を考えることは、人類のゆくえに大きなヒントを与えてくれるように思うのです。

なぜ人は宇宙に惹(ひ)かれるのか。私は三つの「心」があるためだと考えています。

一つ目の心は「知りたい心」、すなわち好奇心です。好奇心にもいろいろな段階があります。最初は「あれ、何だろう?」という素朴な疑問から始まる。小さい子どもは「あれ、何?」とすぐに聞いてきますね。そんな子どもが大きくなってくると、「あれ、どうなっているの?」と仕組みについて関心を持つ。さらに大きくなると、「なぜ?」という根源的な疑問をハッキリと抱くようになります。

このプロセスは、言うなれば観察、実験、理論化ということになります。

子どもに限らず、人類もまったく同じで、好奇心の階段を上ってきました。たとえば彗星を初めて見た人類は、尻尾が夜空に描かれる様子に驚き、「あれはいったい何だ?」と考えたことでしょう。宇宙に対する素朴な疑問が生まれた瞬間です。

それが、やがて次の問いへと結びつきます。たとえば古代エジプトのナイル川で発生した洪水に困った人たちが、「どうして洪水は起きるのだろう?」と考え始めます。するとある日、シリウスという星が東の空に現れる頃に洪水が起きる、という関係性が発見される。さまざまな地上の出来事や仕組みが、宇宙とのつながりのなかで理解されるようになったわけです。

その後、人類の歩みに合わせて科学的な方法論が発展していくと、たとえば「なぜリンゴが落ちるのか」といった疑問が、観測や理論化を経て、万有引力の法則を導き出すことになりました。つまり、最初は宇宙に対する素朴な疑問だったものが、宇宙そのものへの認識、すなわち宇宙科学へと結実してきたのです。

私たち人間に好奇心がなければ、宇宙がどんなものかなんて理解しようともしなかったでしょう。

かぐや姫はなぜ車で月に向かったのか？

しかし人間というのは不思議な動物で、おぼろげながらも宇宙のことがわかってくるようになると、やがてそれだけでは満足できなくなる。知るだけではなく、実際に宇宙に行ってみたいという気持ちが芽生えてくるのです。これを二つ目の「心」といっていいでしょう。すなわち冒険心です。

われわれ日本人も、大昔から宇宙に行きたいという気持ちを抱いてきました。宇宙に行きたいという冒険心は、まず憧れという形で表れます。たとえば日本最古の物語とされる『竹取物語』も、月世界、つまり宇宙へ行ってみたいという憧れがベースにあります。お話の最後には、かぐや姫が牛車のような車に乗って、生まれ故郷である月へと帰っていきます。

私は確か小学五年生のときに、国語の教科書で『竹取物語』を読みました。真っ先に疑問に思ったのは「どうして空へ昇っていくのに、かぐや姫は車に乗っているのだろう？」

図1-1　『竹取物語絵巻』より、かぐや姫が月へと帰る場面（国立国会図書館蔵）

ということでした（図1−1）。そこで、先生に「月に行くのになぜこの挿絵のような車輪がついているんですか？」と質問したのですが、先生を困らせてしまうだけでした。

このエピソードにもちょっとした意味があります。つまり、『竹取物語』が書かれた平安時代の日本人は、月に行く手段としてロケットのようなものを想像することすらできなかったわけです。当時は、移動できる手段といえば車しかなかったので、かぐや姫が車に乗って月に行くことになったのは、仕方がないといえば仕方がないのかもしれません。

ところが、実は現代において月へ行く

手段となっているロケットの原型は、このかぐや姫の時代に、すでに中国で発明されていました。もちろん月へ行くためではなく、敵を攻める兵器として。それは、弓矢の矢の先端に、火薬入りの竹筒をくくり付けた「火矢」（中国語では「火箭」）と呼ばれるものでした。それが発展して、宇宙へ行く手段として「再発見」されるまでには、それから一〇〇〇年近くも経過する必要があったのです。

その事情はあとでお話ししますが、人類の好奇心と冒険心は尽きるところがありません。最初は『竹取物語』のように、漠然とした宇宙への憧れが表れた作品が目立ちましたが、次第により具体的な宇宙旅行が描かれるようになります。世界中のあらゆる国々で、さまざまなSF作品が生まれました。

日本の場合には、何といってもマンガでしょう。たとえば松本零士さんの『銀河鉄道999』などは、愛読していた方も多いのではないでしょうか。実は、日本の若い宇宙飛行士や科学者・技術者に聞いても、みんな『銀河鉄道999』に感化されて、宇宙の世界に入ってきたと口を揃えるのです。松本零士さんは、日本の宇宙開発史における偉大な功労者です。

空を飛ぼうとした日本人

宇宙を知りたい（好奇心）、宇宙に行きたい（冒険心）と考えてきた人類は、ついに実際に宇宙に行くための方法を考え、作り出すことに挑戦し始めます。これが三つ目の「心」である「創りたい心」、すなわち匠の心です。

人類はまず「空を飛びたい」と考えました。江戸時代の日本でも、空を飛ぶために試行錯誤した人物がいたことはご存じでしょうか。たとえば表具屋幸吉（一七五七〜一八四七？）という人です。

幸吉は、岡山で襖などの表具を作っていたのですが、あるときから空を飛びたいと思うようになり、その発明に熱中するようになります。彼は巨大な翼を作り、それを体に付けて橋の上からワーッと飛び降りたといいます。ところが、花見をしている人の上に飛び降りたことをきっかけに、当局から咎められ、静岡の方へと追放されてしまいました。これが一七八五年のこととされます。幸吉は、そのまま静岡で一生を終えることになりますが、彼こそは「鳥人間」の元祖ともいえるでしょう。

幸吉が空を飛ぼうと試みたのとほぼ同じ時期、人類は熱気球を発明していました。最初に熱気球を作ったのは、フランスのモンゴルフィエ兄弟です。

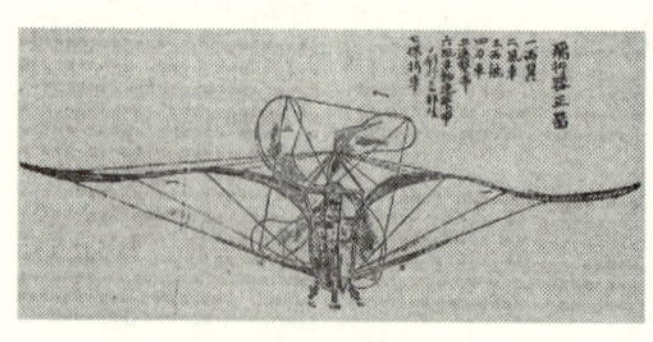

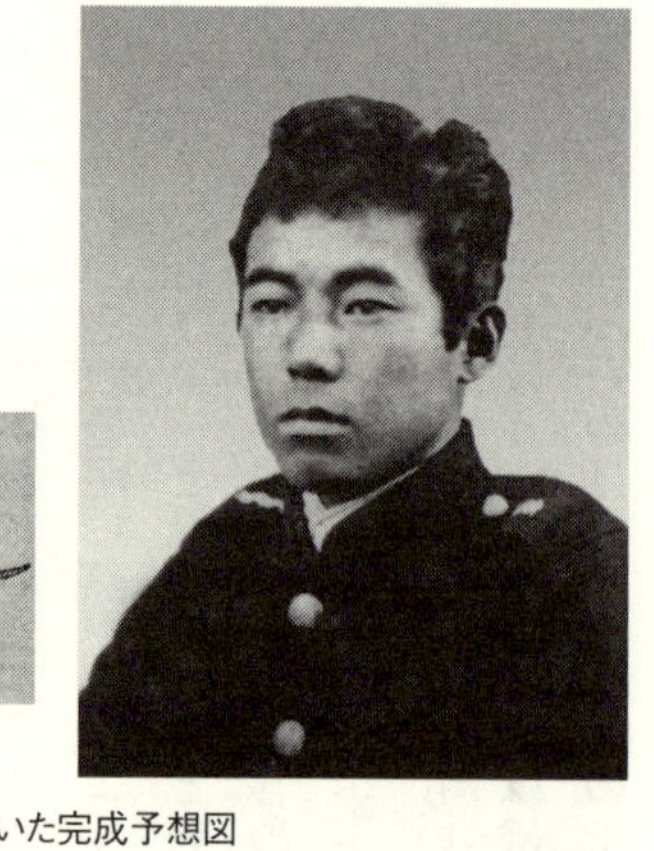

図1-2　二宮忠八と忠八が上申書に描いた完成予想図

彼らは紙を作る製紙業者でした。あるとき、洗濯物を乾かすために焚き火をしていると、スーッと昇っていく煙の上で、洗濯物が膨らんでいるのが見えた。それでひらめいた二人は、紙袋を焚き火の上で広げたところ、紙袋は膨らんだままスーッと空へと昇っていきました。そこからさらに工夫を重ねて、モンゴルフィエ兄弟は熱気球を発明し、一七八三年には有人飛行に成功したというわけです。

つまり「空を飛びたい」という思いは、洋の東西など関係なかったのです。その後、言わずと知れたライト兄弟が人類で初めて飛行機を飛ばしました。それが一九〇三年のことです。

実は、ある日本人がライト兄弟より一〇年も早く、飛行機を飛ばしていた可能性があったことはご存じでしょうか。その日本人とは、二宮忠八（一八六六〜一九三六）という人物で、愛媛県の八幡浜という町の生まれです。陸軍に所属していた忠八は、ライト兄弟よりも早く飛行機を考案したことがわかっています（図1-2）。しかし、軍部に提案したものの受け入れられず、結局は実現せずに終わっています。

『月世界旅行』の衝撃

これら三つの心なくして、今日の宇宙開発はあり得ませんでした。そのなかでも、私たちが「本当に宇宙に行けるかも」と考えるようになったきっかけは、意外なことにあるフィクション作品でした。

その作品とは、一八六五年、フランス人作家のジュール・ヴェルヌが発表した『月世界旅行』というSF小説です（図1-3）。この作品は、宇宙を「憧れの対象」から「身近な存在」へと一変させました。先に紹介した『竹取物語』のように、宇宙を題材にした物語は書かれてきたものの、その描写はかなり漠然としたものでした。一方で『月世界旅行』は、自然科学の方法論を取り入れ、よりリアルな宇宙旅行を描写したのです。結果的に世界的なベストセラーとなり、日本でも明治時代に翻訳が紹介されています。

図1-3 『月世界旅行』の原書に描かれている挿絵

当時はニュートン力学の成功により、人類は「ひょっとしたら本当に宇宙に行けるかもしれない」という予感を抱いていました。そうした科学的成果が存分に盛り込まれた『月世界旅行』を読むと、宇宙旅行が目の前に迫ったような感じがして、当時の少年少女は夢中になって読んだそうです。宇宙飛行のパイオニアたちの多くが、この作品を読んでいたことが知られています。

一九世紀に生まれた大発明

一九世紀には、イギリスのウィリアム・コングリーブという人が、現代のロケットにつながる発明をしました。コングリーブが開発した新しいタイプのロケットは、アメリカの独立戦争でも使われたため、アメリカ国歌には「ロケットの紅い光」という言葉が出てきます。

宇宙の平和利用は今日の重要課題ですが、宇宙開発と兵器開発の歩みは、切っても切れない関係にあるのも事実です。しかし科学者たちは、もっと純粋な思いで研究にあたっていたことは言うまでもありません。

一つ例を挙げましょう。第二次世界大戦中の一九四二年、ドイツではヴェルナー・フォン・ブラウンという人がリーダーになって「V2」と呼ばれるロケットが開発されました。当時のヒトラー政権下で兵器として作られたものです。

フォン・ブラウン自身は、もちろん戦争に使われる道具だということを知りながら、ロケット開発に協力していました。しかし彼は、子どもの頃から月や火星に行くことを夢見ていたのでV2計画に手を貸した。兵器利用は本意ではなかったのです。

戦後のフォン・ブラウンはアメリカで活躍し、一九七三年に来日したことがあります。当時大学院生だった私は、彼に会って質問する機会がありました。生意気盛りだった私は、「戦争に協力するロケットを作るという心情は、どういうものですか」と、皮肉な質問をしたものです。

私は、フォン・ブラウンが一生懸命言い訳をするだろうと思っていたのですが、まったく違った答えが返ってきたことに驚きました。彼は「当時は月や火星に行くことしか考えていませんでした。月や火星に行くためだったら、私は悪魔とでも手を握ったはずです」と言うのです。

この答えを聞いた私は、ビックリして何も言うことができませんでした。世界を変えるような科学者が持つ三つの心（好奇心、冒険心、匠の心）は、これほどまでに純粋で強いものなのかと思い知らされたのです。

「宇宙飛行の父」現る

話を本題に戻しましょう。一九世紀後半に生まれた二つの流れ――『月世界旅行』の流行とロケット技術の発展――は、やがてある一人の天才の頭脳へと合流します。それが、宇宙飛行の基礎を作ったコンスタンチン・ツィオルコフスキーというロシア人です。彼もまた、『月世界旅行』の愛読者であったことが知られています。

ツィオルコフスキー少年は、一〇歳のときに猩紅熱（しょうこうねつ）という病気になり、両耳が聞こえなくなってしまいます。それまでは大変活発な明るい少年だったのに、友だちがまったくいなくなって、結局は小学校も卒業できませんでした。

しかし、家に引きこもったツィオルコフスキー少年は、やがて科学や宇宙のことばかり考えるようになる。耳は聞こえなくても、非常に本が好きで、頭は相当よかったようです。そこで「この子にはもっと勉強をさせた方がいい」と考えた親は、一六歳になったツィオルコフスキーを学問の中心地であるモスクワに住まわせることにします。

ただし、実家は大変貧乏だったので、ツィオルコフスキーは単身モスクワに住むことになりました。非常に乏しい仕送りを受けながら、水やパンばかりを口にする毎日で、ほとんど骨と皮のような状態になってしまったそうです。それでもモスクワにいた数年間に、図書館に通って独学で数学、物理学、化学、生物学という高等的な学問をマスターしていきました。

その後も研究に没頭したツィオルコフスキーは、一九〇三年、有名な「ツィオルコフスキーの公式」を公にします。これはニュートン力学を応用して、ロケットはどうやったら加速できるかということを読み解いた、きわめて重要な公式です。現在の日本のロケット設計現場でも、いまだにツィオルコフスキーの公式が使われています。

この公式は、人類が宇宙飛行できるということを原理的に証明しました。ツィオルコフスキーのおかげで、いま私たちは宇宙飛行が可能になっているといえるのです。彼が「宇宙飛行の父」ともいわれる所以(ゆえん)です。

宇宙時代を呼び寄せた男

ツィオルコフスキーは一九三五年に亡くなりましたが、最後に住んでいた家は現在でもモスクワから三〇〇キロメートルほど南下したところに残されています。私もこれまでに三回ほど足を運んだことがあります。

家のなかには手作りの実験室などに加え、ツィオルコフスキーが弾いていたというピアノもありました。耳が不自由だったツィオルコフスキーですが、集音器を着けると右耳だけはわずかに音を聞くことができたようです。

私を案内してくれたのは、ツィオルコフスキーのひ孫にあたる女性でした。私にとってツィオルコフスキーはスーパーヒーローです。家のなかを見学していると、ピアノに触りたくなってくるし、集音器も耳に当てたくなる。彼女に聞いても「触らないでください」と言うのですが、どうしても気持ちを抑えきれない。そこで、気持ちを正直に吐露して正面から頼んだら、やっとOKしてくれました。ツィオルコフスキーゆかりの品々に触れることができて、とてもよい思い出になりました。

ツィオルコフスキーの家を見学し、集音器を使ってみたことで、私はあることをはっきりと感じました。それは、もし彼の耳が不自由でなかったら、そこまで宇宙のことばかり考えなかっただろうということです。活発で元気いっぱいだったという彼は、物理学が好きな普通の子どもになっていたに違いありません。現代にも、スティーヴン・ホーキングという体が不自由な天才物理学者がいます。彼も「若い頃に病気にならなければ、私はごく普通の物理学者だったに違いない」と言っています。

言わずもがなですが、これほどの障害は本人に大きな苦しみをもたらし、不幸を感じたこともあったでしょう。しかしその一方で、人類にとって非常に大きな財産を残す遠因にもなったともいえそうです。

ツィオルコフスキーが遺した功績は偉大で、世界で最初のロケット設計図を残したのも彼なのです。彼が遺した設計図には、円錐形（えんすいけい）のロケットのなかに「チェラヴェーク」（ロシア語で「人間」の意味）と書かれています。つまり、世界で最初に描かれた設計図の段階から、ロケットはすでに人間を運ぶことを目的にしていたのです。

そのほかにも、液体燃料ロケットの仕組み、宇宙ステーション、宇宙エレベーター、ソーラーセイル（太陽の光の圧力で太陽系を自由に飛ぶ仕組み）なども、ツィオルコフスキーの発案によるものです。つまり、現代の宇宙開発が追求している数々の夢の技術を、ツィオルコフスキーは自分の頭のなかで構想していたのです。私たちは、ツィオルコフスキーの後ろをヨチヨチと付いてきているだけなのかもしれません。

狂人扱いされた科学者

ジュール・ヴェルヌの『月世界旅行』に胸をときめかせたのは、ロシアのツィオルコフスキーだけではありません。アメリカ人のロバート・ハッチングズ・ゴダードもその一人です。ロシアとアメリカの両国で宇宙科学の基礎を築いたのは、ともに『月世界旅行』を愛読した人物だったのです。

ゴダードは、アメリカのマサチューセッツで生まれ、生涯のほとんどを同地で過ごした人物です。一九二〇年代には、世界で最初の液体燃料ロケットを飛ばしています。そのことからゴダードは、「近代ロケットの父」とも称されます。

ゴダードは、本当は月へ行くことをずっと夢みていました。月面探査に関するさまざまな論文を書いています。ところが、一九三〇年代にニューヨーク・タイムズという権威ある新聞が、「マサチューセッツのゴダード博士は狂人ではないか」という趣旨の社説を掲載しました。その内容をかいつまんでいうと、「月には空気がない。蹴とばす空気がないところではロケットを飛ばしても加速できない。ゴダードは物理学的に間違っている」というものでした。

私がゴダードに代わって種明かしをすると、ロケットは空気を蹴とばして進むわけではありません。ロケットは、自分の体内で燃やしてできたガスを吐き出す反動で（物理学の言葉でいえば、運動量保存の法則によって）加速するのです。ニューヨーク・タイムズの社説は、ロケットの原理を根本的に理解していないもので、もともとゴダードが正しかったのです。彼はそうした質の悪い批判にうんざりして、それから死ぬまでずっとマスコミ嫌いになってしまったといいます。

その後もゴダードは、ロケット制御などに関する多くの発明をして、特許も取得していきました。人類を月に送り出したアポロ計画は、一九六一年、つまりゴダードの死後に始まったプロジェクトですが、このとき彼の特許を活用したNASAの技術は二百数十件あったそうです。

アポロ計画では、実際にロケットが月に行くことができ、空気がないところでもロケットが加速することをまざまざと示しました。それを受けて、ニューヨーク・タイムズは紙面で「われわれが間違っていた。ゴダード博士には申し訳ないことをした」と自己批判をしています。生前に「狂人」の扱いを受けたゴダードは、天国でアポロ計画の成功をどのように見守っていたのでしょうか。

宇宙への挑戦とは、未来への挑戦

第二次世界大戦後、アメリカとソ連は激しい宇宙開発競争を繰り広げます。先述したフォン・ブラウンらV2の開発者たちは続々とアメリカに引き抜かれましたし、一方のソ連も何千人もの技術者をドイツから連れ去っていきました。かくして、ナチス・ドイツによるV2の技術がアメリカとソ連に引き継がれていったのです。

両国が繰り広げた激しい宇宙開発競争の様子をまとめることは、本書のテーマではありません。私がここでいいたいのは、古代から人間が持ち続けてきた宇宙への憧れが、やがて科学技術と結びつき、ついには『月世界旅行』というフィクションに感化された若者が、基礎理論や大発明を完成させたということです。つまり、すべては「憧れ」から始まっているのです。そして、ある世代が次の世代へとバトンを渡すように、一歩ずつ着実に宇宙開発を可能にしてきたことを忘れてはなりません。

宇宙へ飛び立つということは、未来を切り開くことを意味します。私がそのことを強く実感したのは、一九五七年、ソ連が世界初となる人工衛星「スプートニク」の打ち上げに成功したときです。

スプートニクの成功は、世界中を驚かせました。私は当時高校生だったのですが、中学校時代の担任の先生が、肉眼でスプートニクを捉えた二番目の日本人でした。地元の新聞が華々しく先生のことを報じていたことを今でも覚えています。

その先生は、当時、私が入っていた高校の寮に電話をかけてきました。「スプートニクを見たいのなら、土曜日に遊びに来い」と言うので、母校の屋上に数人の友人と一緒に集まりました。夕暮れの空をバックに、少し目を慣らす訓練をしたあとで、先生が夜空の西の方を指さすと、かすかな光がピカッ、ピカッ、ピカッと点滅しながら、ゆっくりと動いていくのが見えてきました。それがスプートニクでした。

そのときの不思議な気持ちは、今でも忘れることができません。肉眼で見える光は本当に頼りないけれど、確かに動いている。この故郷の空に点滅しながら動いている光が明るい未来を拓くような気がすると、子ども心に強く感じました。

宇宙飛行士の歴史に残る「迷言」

これまで紹介した人物たちを見ると、いかにも傑出した頭脳を持った天才ばかりで、しかも国家的なプロジェクトばかりだという印象を持つかもしれません。もちろん、宇宙開発のそうした側面は否定できません。しかし、宇宙に飛び立とうとしてきた人たちも、一人ひとりは生身の人間です。「私たちと一緒じゃないか」と言いたくなるようなエピソードも数多く残っています。

一つだけ具体例をご紹介しましょう。一九六九年、アポロ一一号が月面に着陸した際に、ニール・アームストロング船長が歴史に残る名言を吐きました。「一人の人間にとっては小さな一歩だが、人類にとっては偉大な飛躍である」。誰もが一度は耳にしたことがあるはずです。

しかし、この言葉を聞いてひどく不安になった人物がいました。その人物とは、アポロ一一号に続いて打ち上げられた、アポロ一二号のピート・コンラッド船長です。なんと彼は、アームストロング船長の名言が巷(ちまた)を騒がせているのを見て、自分も着陸時には名言を残さなくてはならないと考えたようです。

コンラッド船長は、地球を発つ前、夫人から「どんな言葉を言うつもり?」と聞かれても、「もう考えている」と自分だけの秘密にして、月へと飛び立っていきました。夫人は船長が月面に着陸する瞬間を、自宅のテレビの前で待つ他ありません。夫人の感想を聞くべく、自宅にはマスコミの記者も駆けつけました。

コンラッド船長は、無事に月面へと降り立ちました。全世界がその第一声に注目しています。すると船長はおもむろに口を開き、こう言ったのです。

「ニールにとっては小さな一歩だが、私にとっては大きな一歩である」

アポロ宇宙船の出口から月面に降ろした梯子は九段あり、最後の一段がちょっと高いのです。長身のニール・アームストロング船長はその最後のステップを楽に降りたので「小さな一歩」だったのですが、背が低かったコンラッド船長にとっては「大きな一歩」だというのです。これには夫人も呆れてしまったといいます。

当時のアメリカ人のおおらかな気質を物語るエピソードですね。

「星の輪廻」とは何か

人類という存在から見ると、宇宙はあまりにも広大です。一三八億年前に生まれたとされるこの宇宙では、太陽と同等かそれ以上に巨大な星が、いくつも生まれては死んでいくということを繰り返してきました。そのサイクルを「星の一生」や「星の輪廻（りんね）」などといいます。

私は、時には老人ホームから講演の依頼を受けることもあります。そのとき「星の輪廻」などと言うと、みなさん身を乗り出して話を聞いてくれる（笑）。

しかしながら、決して冗談ではなく、人間も星も一緒なのです。人間と同じように、星もまた、生まれ、育ち、死んでいく。さらに星の場合は、最後に死んでバラバラになったものが、また新しい星を作る材料になる。人間が生まれ変わるかどうかはわかりませんが、少なくとも星の一生に関しては、輪廻という概念が科学的に立証されているのです。

太陽の一生は、だいたい一〇〇億年といわれています。現在、太陽は生まれてから約四六億年ですから、人生半ばといったところでしょうか。地球も太陽とほぼ同じ頃に生まれたと考えられますから、人間の一生を八〇年とすると、地球はまだ四〇歳くらいということになります。

人間に例えるならばまだ地球が子どもだった頃、地球上に自らをコピーできる物体が生まれました。それが生命の起源です。その生命はだんだん複雑なものになっていって、現在のような多様な生物模様ができあがりました。当然、人間もその一部です。

生命科学者の中村桂子さんは、地球上のあらゆる生物は「生命誌絵巻」の最前線にいるのだと表現します。つまり、人間に限らず現在生きている動物や植物すべてが、進化のプロセスにおける最前線に位置しているという考え方です。それらがお互いに作用し合いながら、地球というものの表面に住んでいるのだから、互いの命を尊重し合うことが必要だというわけです。

日本人に渡されたバトン

ここで最初の問いに戻りましょう。なぜ私たちは宇宙をめざすのでしょうか。

私は、三つの「心」がその原動力であると考えますが、それだけでは、私たちみんなが幸せになる時代を築くことはできないと思います。

宇宙の開発を進めることそれ自体が、人類社会の平和につながる保証はありません。しかし、宇宙に進出することによって、私たちが生きている意味が一層よくわかるようになり、私たちが直面している問題への取り組みが精力的になり、そしてそれがこの星に住む生き物の未来を明るく照らすものにならなければ、何の意味もありません。

二〇世紀は「宇宙の世紀」と呼ばれましたが、二一世紀は「生命の世紀」でなければなりません。それは、宇宙進出の成果を「生命誌絵巻」のような観点から捉え直す必要があるということです。

地球上のさまざまな生命は、一三八億年の宇宙進化の果てに生み出されたものといえます。そうした広大な進化のストーリーのなかで、われわれ人類はようやく宇宙を探求していく段階に到達したのです。

もちろん、一人ひとりの人間にとっては、宇宙進化の物語はあまりにも広大です。しかしながら本章で見たように、人類の宇宙への思いは純粋な「憧れ」から始まり、いまや地球外で生活することも可能になった。大きな視点に立てば、私たちが一歩ずつ挑戦を続けてきたことが、現在の宇宙開発を可能にしているのです。後世のことを考えれば、私たちがいま歩みを止めてはなりません。

私たち日本人が宇宙開発に力を入れてきたのも、そうした大きなミッションがあったからではないでしょうか。超大国であるアメリカやソ連に任せっきりにするのではなく、自分たちの道を切り開こうとした先人がいたからこそ、日本の宇宙開発は世界に伍する実力を持つに至ったのです。

本書で伝えたいことの一つは、世界の人々が先人たちからバトンを受け取ったからこそ今日がある、ということです。ツィオルコフスキーやゴダードといった科学者はもちろん、もしかしたら『竹取物語』や『月世界旅行』といった作品がなければ、今日の宇宙開発はなかったかもしれません。過去を知ることは、私たちを知ることなのです。

そしてぜひ伝えたいもう一つのことは、日本人もそのバトンを受け継いだからこそ日本の今日があるということです。また、だからこそ、今後の宇宙活動の方向性、ひいては人類の未来について、日本がその特質を生かして大きな貢献をできる可能性が拓かれたということです。このことを第六章でいくらか述べたいと思います。

本章では、われわれ人類が宇宙に惹きつけられる理由や、宇宙をめざしてきた道のりを駆け足で見てきました。私たち日本人は、これらの想像力や科学的な蓄積を基に、宇宙開発を進めてきたのです。次章以降では、そんな日本人の挑戦を詳しく見ていきたいと思います。

第二章　敗戦国の宇宙開発

——糸川英夫とペンシルロケット

糸川英夫という巨人

日本人の宇宙への挑戦は、ある一人の研究者から始まったといっても過言ではありません。その人の名は、糸川英夫（一九一二〜一九九九）。「日本の宇宙開発の父」と呼ばれ、戦後日本で初の実験用ロケットとなる「ペンシルロケット」を皮切りに宇宙への挑戦を立ち上げました（図2−1）。

本章では、彼の業績を通して、戦後日本の宇宙開発を振り返っていくことにしたいと思います。日本が現在ほど豊かでない時代、宇宙をめざすということは非常に困難を極めるものでした。

まずは、糸川英夫と私の出会いから話を始めることにしましょう。彼は、私が大学院生の頃の指導教官でした。ですから、本書でも糸川先生と呼ばせていただきます。糸川研究室は太平洋戦争が終わる前から東京帝国大学（当時）にあったのですが、その後東京大学となり、私はその糸川研究室で論文を書いた最後の学生になりました。私が糸川研究室に大学院生として配属されたのは、一九六五年のことでした。

当時は六本木に東大の生産技術研究所があって、そこに糸川研究室がありました。研究室に入りたい私は、糸川先生にお願いに行ったのですが、実際に会ってみると、意外に小柄な人で驚きました。当時はすでに「糸川英夫」という名前が非常に大きかったので、勝手に巨大な人だと想像していたのです。

私は先生から根掘り葉掘り訊かれると思ったのですが、即座に研究室入りを認めてもらうことができました。ただし、「私は忙しくて、たぶん指導できませんから」といきなり言われてしまいました。それからは、研究室の優秀でたくましい先輩たちに指導してもらいながら、研究をしていくことになりました。とはいえ、糸川研究室の院生はみんな同じ目に遭っていて、ほとんど糸川先生からの念入りな指導は受けていないのです。先生の発言や行動から、ものの考え方など、影響はおおいに受けましたが、まあ先生の背中を見ながら育つという感じでした。

図2-1　糸川英夫（提供：JAXA）

糸川先生の個性は非常に強烈で、普通の人とまったく違う発想を持っています。どこを叩けばああいう考え方が出るのかわからないような、ユニークな発想がずいぶんと出てくるし、生き方も非常に奔放（ほんぽう）な人でした。

ベストセラー作家でもありました。糸川先生は一〇〇冊近い本を書いていて、そのなかでも『逆転の発想』という本は大ベストセラーとなりました。続編もたくさん書かれています。

「人のため」に動く

糸川先生は、一九一二年、東京・六本木のど真ん中の麻布笄町(こうがいちょう)というところで生まれました。

四、五歳の頃、青山の練兵場（現在の明治神宮外苑）にアメリカのアート・スミスという人がやって来て、アクロバット飛行を披露しました。それをお父さんに肩車されながら見たのが、飛行機に取り憑(つ)かれたきっかけだったとのことです。また、糸川少年は小さな頃から自然現象に強い興味を持っていたといいます。特に不思議だと思ったものは磁石の仕組みだったそうです。

小学生の頃には、お父さんが買ってきた電球に大きな衝撃を受けました。それまで自宅ではランプを使っていたのですが、突如、お父さんが「今日は面白いものを見せてやる」

と言って、家中を真っ暗にした。それが電球でパッと明るくなったので、手品好きのお父さんが、いつものように手品で驚かせようとしていると糸川少年は思ったそうです。

お父さんは手品であることを否定し、「これは最近できた電球というものだよ」と種明かしをした。しかし、あまりに糸川少年が電球の仕組みを質問攻めにするので、ほとほとまいったお父さんは、電球を発明したエジソンの絵物語を買ってきてくれたそうです。糸川少年は、それをボロボロになるまで読み、「ボクは日本のエジソンになる」という志を立てています。

一方で、当時は勉強にはあまり熱心ではなかったようです。小学校一年生のときに、お母さんが参観日に出かけていくと、算数のテストを受けている糸川少年が、鉛筆を転がしては何かを書いている。終わったあとで本人に訊いてみると、「鉛筆を転がしていい加減にやったら、どれぐらい解答が当たるものか試していた」と言います。糸川先生の頭脳ですから、もちろんやろうと思えばできたのでしょうが、学校の勉強が簡単すぎてつまらなかったのかもしれません。

とはいえ、いくら頭脳がよいとはいえ、勉強をやらなければ成績は落ちていく。お母さんは「鉛筆なんか転がしているからだ」と怒るのですが、糸川少年は「つまらないものはつまらない」と譲らない。そこで、糸川少年の性格をよく知るお母さんは、近所にいる子どもをダシに使いました。

その子どもはよく学校を休んでいたので、糸川先生の家に遊びに来ては、宿題のことを訊いてきたといいます。お母さんは「あの子が遊びに来たときに、おまえが勉強できていないと、あの子に教えられないでしょ」と諭した。すると糸川少年はじっと考えて、「それはそうだな」と思ったそうです。

このエピソードは、実に糸川先生らしいと思います。先生は、人のために何かをやることが大変好きな人でした。案の定、お母さんがそのように水を向けてから、糸川少年は一生懸命に勉強をするようになったといいます。

飛行機に対する熱い思い

一方で、糸川先生はとても負けず嫌いの人でした。

一九二七年、アメリカ人のチャールズ・リンドバーグが大西洋横断の無着陸単独飛行を成功させました。『翼よ！あれが巴里(パリ)の灯だ』（一九五七年）という映画で有名になった人です。糸川先生が中学生のときのことです。ところが、リンドバーグの偉業を知った糸川少年は、当時を「大変くやしかった」と振り返っています。私などはずいぶんませた感想だと思うのですが、飛行機に熱中していた糸川少年は、憧れよりも嫉妬に近い感情を覚えたのです。

リンドバーグの成功を知って、糸川少年が真っ先に考えたのは「なぜ日本人ができなかったのか」ということでした。こうした思いが、のちに宇宙のパイオニアとなる伏線だったのかもしれません。ただし、リンドバーグが成功させたのは大西洋の無着陸単独飛行です。負けず嫌いの糸川少年は、すぐに冷静さを取り戻し、「まだ太平洋が残っているじゃないか」と考えたといいます。

糸川先生の目標は明確でした。高校卒業後は東京帝国大学の航空学科に入り、その後は中島飛行機という会社で飛行機を作る仕事に携わります。優秀な糸川先生は、まわりから研究者になるよう勧められたのですが、やはり実際に飛行機を作りたいということで飛行機メーカーを志望したそうです。

とはいえ、時は一九三〇年代。飛行機を作るといっても、当時は飛行機といえば戦闘機です。糸川先生が最初に携わった戦闘機は「九七式」という名機でした。次いで「隼（はやぶさ）」「鍾馗（しょうき）」と、徐々に重要な仕事を任されるようになっていきます。「隼」は糸川先生が翼の設計を一手に引き受けたといいます。

しかし私が知る限り、糸川先生は「隼」をあまり気に入っていませんでした。「隼」は戦争で華々しくデビューしたこともあって大変有名になりましたが、技術者としては納得できるものではなかったといいます。糸川先生が言うには、軍部からおかしな性能を要求され、無理矢理に作らされたそうです。それよりも、はるかに「鍾馗」や「九七式」の方が優れた飛行機だと、糸川先生は考えていました。

少年時代からの夢だった飛行機作りに邁進した糸川先生ですが、本人にとって幸福な時期はそう長くありませんでした。一九四五年八月、日本が降伏して太平洋戦争は終結を迎えます。

ロケット開発の決意

敗戦時、糸川先生は東京大学の助教授になっていたのですが、戦後、日本は飛行機の研究を禁止されてしまいます。それまでずっと飛行機で生きてきた先生ですから、当時は「もう生きる道がない」と絶望的な気分になったそうです。

しかし、少し時間が経って気を取り直すと、糸川先生は動き始めます。飛行機の翼の設計をやっていた関係上、ものの振動などの問題には相当詳しくなっていました。ものの振動は、音響にもつながります。糸川先生は音響にも以前から興味があり、しかも得意分野でした。そこに活路を見出したのです。

東大からは航空学科もなくなってしまいましたが、その代わりに音響学という講座を作ってもらい、しばらくはその教授として生きていくことにしました。だから、糸川先生の博士論文は飛行機でもロケットでもなく、音響学がテーマになっています。

糸川先生はさらに研究領域を広げ、脳波にも関心を示します。あるとき病気をして東大病院に通っているとき、脳波もまた波であることに気づき、興味を持つようになったといいます。また、同じ頃に麻酔にも興味を持つようになって、麻酔や脳波の研究で成果を出していきました。好奇心がエンジンのような人だったのです。

麻酔や脳波に関する研究が認められ、糸川先生は一九五三年にシカゴ大学へ招聘されます。このアメリカ滞在が、糸川先生にとって大きな転機となりました。

渡米中、糸川先生はアメリカのロケットに触れる機会がありました。日本はアメリカに戦争で負けた。しかしその頃、アメリカのロケット開発の水準は、まだたいしたことがなかったのです。そのため糸川先生は、飛行機研究が禁止されている間にずいぶんと欧米に水をあけられたが、ロケットならまだ追いつけるかもしれないと考えた。負けず嫌いの精神が、糸川先生の気持ちをロケット開発に向けさせたのです。

もう一つ、ロケット開発を決意させる出来事がありました。糸川先生はシカゴ大学の図書館に毎日足を運び、いろいろな資料を漁(あさ)っていたのですが、そのなかで見つけた本が気にかかりました。それが『宇宙医学(Space Medicine)』と題された本でした。

糸川先生は疑問に感じたそうです。だって、一九五三年ですから、まだスプートニクさえ、打ち上がっていないわけです。「宇宙(space)」と「医学(medicine)」がどうして関係するのだろうか。時代が時代ですから、糸川先生でなくてもそう思ったはずです。しかし糸川先生は、アメリカがいずれ人間を宇宙に送ろうと画策していることに思いが至ります。「これではまずい、ますます日本は置いていかれる」。糸川先生は、こうしてロケット開発の決意を固めます。

第一章で言及したフォン・ブラウンの存在も大きかった。実は、『宇宙医学』にはフォン・ブラウンがロケットの飛翔に関する論文を寄せており、糸川先生はそれを夢中になって読んだといいます。しかも、フォン・ブラウンと糸川先生は同い年。糸川先生は、「日本だけではない、自分自身もどんどん置いていかれている」と、おおいに焦ったと振り返っています。

こうして、飛行機に熱中した少年が、音響学や脳波の研究を経て、とうとうロケットの開発に足を踏み入れることになったのです。

半世紀早すぎたアイデア

いったん決意すると、糸川先生の行動は迅速でした。一九五四年に帰国すると、東大を中心にして「AVSA（Avionics and Supersonic Aerodynamics：航空電子工学および超音速空気力学）研究会」という組織を立ち上げます。

研究会が発足して間もない頃、東大の生産技術研究所の機関誌に、糸川先生が檄文(げきぶん)を寄せています。そこには糸川先生の意気込みが存分に表れていると同時に、なぜ敗戦から一〇年も経たないうちにロケットを開発するのか、その意義を高らかに謳(うた)っています。

その内容はおおむね次のようなものです。戦後の日本、とくに若者が自信を失っている時期だからこそ、大きな、そしてみんなが夢を持てるプロジェクトを立ち上げたい。そして、そこに若者の力を結集して、前向きに努力していこう――。

具体的には、二〇分で太平洋を横断するロケット旅客機を作るプロジェクトが提案されました。確かにロケットができれば、二〇分で太平洋を横断することができます。ただし、その加速度では、実際に人間が乗って横断すると人間は潰れてしまう。ですから、実際には加速度を抑えて、二、三時間で横断するロケット旅客機を作る計画だったようです。

こうしたロケット旅客機は、最近でも「スペースプレーン」と呼ばれて、世界的に研究が行われています。糸川先生の発想は半世紀ほど早かった。もちろん、当時としても大変魅力的な計画だったので、さまざまな分野の研究者が集まってきました。日本のロケット研究は、最初は予算もほとんどない有り様でしたが、糸川先生の構想力により、若者たちの夢を組織しながら、華々しく立ち上げることができたというわけです。

「逆転の発想」が生んだペンシルロケット

ちなみに、戦前の日本でもロケットは開発されていました。たとえば「櫻花（おうか）」という固体燃料のロケットは実戦にも投じられ、アメリカは腰を抜かしたという話も伝わっています。また、こちらは実戦には投じられずに終わりましたが、「秋水（しゅうすい）」という液体燃料のロケットも開発されていました。

つまり、戦前の日本は、驚くほど高い水準でロケット開発をやっていたのです。当時はドイツに次ぐ世界第二位の技術水準を持っていたともいわれます。

しかし、戦争が終わる段になって、ロケット開発関連の資料はすべて焼き尽くされてしまいました。そのため、戦後日本はロケット開発に関して白紙の状態でした。糸川先生も、ゼロからロケット開発をスタートさせることになります。

そういう経緯ですから、いきなり太平洋を横断するロケットなど作れるはずもありません。当然、予算も少ない。そこでまずは、長さ二三センチの「ペンシルロケット」と呼ばれる実験用小型ロケットの研究から始まりました。

ロケットというと、普通は上に向かって発射するものという印象が強いはずです。しかし、当初のペンシルロケットは、水平方向に打ち出すという特徴を持っていました。

その背景には、当時の日本に性能のよいレーダーがなかったという事情がありました。垂直方向に打ち上げるロケットの場合には、ロケットの位置や速度をモニターするために、レーダーで追いかける必要があります。しかし、そういった性能を持つレーダーを作るには、一年以上の時間がかかる。当然、プロジェクトのメンバーはレーダーの開発を優先することを提案しますが、糸川先生はそれを待っていることができない。とにかくすぐにロケットを打ちたくてたまらないのです。

糸川先生というのは、どんな場合でもそうなのですが、一度やりたくなると止められなくなる人です。ですから、レーダー開発の提案を聞いたときも素直には受け入れず、露骨に不満そうな顔をしてその日は引き上げたそうです。そのとき、あるメンバーは「糸川先生は明日になったらきっと変なことを言い始めるぞ」と思ったといいます。

案の定、次にメンバーが集まったときに、糸川先生が「ロケットは上に向かって打たなくてはいけないのか」と言い始めます。「横に向かって打てばレーダーはいらない。高速度カメラなどを使って工夫すれば、水平方向に発射してもロケットの飛び方は研究できるんじゃないか」と言うのです。

ロケットを横に打つなんて、常識外の発想です。しかし糸川先生は「聞いたことがないなら、ぜひともやろうじゃないか」と取り合ってくれない。まさに「逆転の発想」の本領発揮というわけです。

メンバーたちは大変困惑したといいますが、糸川先生に言われては仕方がない。みんなで頭を寄せ集めて、どうやったら水平方向に打てるかを工夫していきました。現在では伝説のように、ペンシルロケットの水平発射は糸川先生がすべて考えたかのようにいわれていますが、実は、糸川先生はアイデアを出しただけでした。その後、お弟子さんをはじめとするメンバーの大変な苦労があって、ペンシルロケットの水平発射は実現するのです。

初めてロケットが飛んだ日

できあがった仕組みはこうです。発射台から水平方向に打ち出されると、ロケットは等間隔に置かれた大きな吸い取り紙を突き抜けながら進み、最後に砂場にドンと突き当たって止まる。それぞれの吸い取り紙には細い針金が張り巡らしてあって、ロケットはその細い針金を切りながら進んでいきます。したがって、どんなタイミングでロケットが通過したか、針金が切れたら電気的に計測できるようになっていました。確かにこれならレーダーは必要ありません。

むしろ水平に発射するメリットも出てきました。速度や加速度の履歴が取れるのはもちろんのこと、吸い取り紙が破れた場所を正確に測れば、ロケットがどういう軌道を描いたかもわかります。また、ロケットの尾翼も吸い取り紙を破きますから、その跡を追うことで、どういうふうに回りながら進んだということまでわかってきます。そのうえ小さいロケットなので、大規模な実験場が必要ではない。「逆転の発想」の神髄です。

こうしてできたペンシルロケットは、一九五五年四月一二日、東京・国分寺で初発射が

図2-2　ペンシルロケットの水平発射実験の様子（提供：JAXA）

行われました（図2-2）。その後、六日間で合計二九機を打ち出し、すべて成功しています。

ところで、四月一二日というのは、宇宙開発史上でも記念すべき日になっています。一九六一年にはガガーリンが宇宙へと飛び立ち、一九八一年にはスペースシャトルが初めて飛んだ日だからです。これらを記念して、四月一二日は世界的に「宇宙飛行の日」と銘打たれ、さまざまなお祝いがされています。

しかし、日本が置いていかれると危機感を覚えてロケット開発に参入した糸川先生の名誉のために、私から声を大にして言っておきたいと思います。四月一二日に、世界で一番早く空を飛んだのは、日本のペンシルロケットなのです（笑）。

「金がないなら頭を使え」

実際、ペンシルロケットの方法論は、実に日本人らしいと思います。

糸川先生は、発想と行動力の人でした。口癖のように「金がないなら頭を使え」と言っていたものです。ペンシルロケットはその象徴でした。それほどお金もないうえ、糸川先生がせっかちだから時間もない（笑）。でも、アイデア一つで不可能を可能にすることはできるのです。糸川先生は「今の若い人は、金がないと何もやらないね。お金がなければないなりに、やることはいくらでもある」とよく言っていました。

その典型例として、興味深いエピソードがあります。ペンシルロケットの開発段階で、東大生産技術研究所が「試作ロケット一号機」を作ったことがあります。実はこれ、「試作機」と銘打ってはいますが、単に紙で作られた代物だったのです。

この「試作機」を作ったのは、私の先輩である秋葉鐐二郎先生です。秋葉先生が大学院生だった頃、突如、糸川先生に呼ばれて、風洞試験のためにロケットの模型を作るように言われました。風洞試験というのは、実際にはロケットを飛ばさずに、空気の方を動かすことで、ロケットが飛んだときの空気抵抗などを調べる試験です。

しかし、糸川先生から模型に関する具体的な指示はありません。ただ、予算はゼロだという。私も記憶がありますが、糸川先生は丁寧な頼み方をしつつも、断れないような雰囲気を出してくるのです。

さて、引き受けたはいいものの、何をどう作ったらいいのかわからない。何より予算となるお金がまったくない。そこで秋葉先生は、紙を使って模型を作ることにしました。もちろん、紙の模型では風洞試験に使うことはできません。しかし、糸川先生に作れと言われてしまった以上、とにかく完成させることにしたといいます。

一九五四年の一二月二〇日頃、秋葉先生が完成させた紙の模型を糸川先生のところに持っていくと、糸川先生は満足げにうなずいたといいます。その後、すぐにカメラマンを呼び出すと、生産技術研究所の庭で模型の写真撮影が行われました。実験にも使えないし、怒られもしない。いったい何のための模型なのか、秋葉先生はまったくわからなかったといいます。

驚いたのは二週間ほど経ってからのことでした。毎日新聞に模型の写真が掲載され、「試作ロケット一号機」と書かれていたのです。実験用ではなく広報用の模型だったことに加え、大胆にも「試作機」と銘打っているので、秋葉先生は二度ビックリしたそうです。

その毎日新聞掲載の記事と写真は、その後現在に至るまで、日本の宇宙開発の黎明期(れいめいき)を象徴するものとして幾度となく使われてきたものです。これも「金がないなら頭を使え」を地で行くエピソードです。

糸川先生という人は、優れた研究者であると同時に、広報マン顔負けのマインドを持つ人でもありました。予算も時間も人もいないロケット開発の黎明期。糸川先生がいたことの意味はとてつもなく大きかったといえましょう。

プロジェクト遂行の極意

さて、ペンシルロケットの水平発射には成功しました。とはいえ、まだまだ初期型のロケットです。となれば、次はより大きなロケットを作るプロジェクトが立ち上がります。そこで問題になったのがロケットを発射する実験場です。国分寺はやや手狭（てぜま）だったので、もっと広い場所を見つけなければなりません。

それほど時間がかからず場所は見つかりました。すでに一九四二年から東京大学第二工学部として存在していた西千葉の敷地の船舶用水槽を改造して、水平発射の設備を作り上げたのです。現在では千葉大学がある敷地です。そこでロケット開発は次のフェーズへ進むことになりました。糸川先生は、ロケットが巨大化に伴い多段式になっていくということを見抜き、そのための実験もしなければいけないと考えていました。二段式のペンシルロケットもテストされました。

千葉の発射実験場については、いろいろな思い出があります。千葉へは国鉄（現JR）の総武線で通っていたのですが、あるとき、ある技官がロケットの入ったケースを網棚の上に忘れて下車しました。それですぐに「ロケットを忘れました」と駅へ届けたのですが、大騒ぎになって総武線に非常警戒態勢が敷かれてしまったのです（笑）。ロケットには燃料が入っていなかったので、そこまで大騒ぎする必要はなかったのですが、「ロケット・ケースだけです」と言わなかったのですね。

この頃の糸川先生の仕事ぶりから、チーム全員が多くを学びました。その方法論は、日本の宇宙開発史において脈々と受け継がれています。

糸川先生が口癖のように言っていたのは、「こういう仕事は、みなが目的を共有しなければ成功しない」ということです。曰く、リーダーがしっかりしていることは当然のこと。本当に重要なのは、リーダーが考えている目的をみなが共有することで、それによって初めて団結は生まれるというのです。したがって、プロジェクトには自動車メーカーなど民間企業の技術者も参画していましたが、彼らを区別するような考えを持ってはいけない。チームを作った以上、参加するメンバーは平等だと強く訴えたのです。

実際、ロケットの現場で会議をすると、東大の研究者の一部からは、民間の技術者を見下すような発言もありました。しかし糸川先生は、そんなときにはすかさず民間技術者の発言を拾って、「あなた、いいこと言うね」と評価したものです。一方で、メーカーの方を馬鹿にした研究者の方を見て、「あんたよりは相当頭いいね、この人は」とバッサリ斬り捨てる。こんな調子ですから、次第に研究者も民間技術者を見下すようなことはせず、次第にチームに一体感が生まれてきました。

もし糸川先生がチームの平等性を重んじて根づかせることがなかったら、日本の宇宙研究は今より視野が狭く、技術的にも遅れを取っていたかもしれません。現在の宇宙開発の現場ではどうでしょうか。

垂直方向への打ち上げ成功

いわば「逆転の発想」と「持たざる者の発想」によって、水平発射を採用したペンシルロケットですが、千葉で実験を積み重ねることによって、いよいよ上に向かってロケットを打ち上げる段階がやってきました。

ここで再び問題となったのが発射実験場です。太平洋側で候補となりうる土地は、連合国軍最高司令官総司令部（ＧＨＱ）に使われていました。日本海側もほとんど同じような状況でしたが、まだどうにか残っている場所もある。それが、新潟県の佐渡島と秋田県の男鹿（おが）半島の二か所でした。

どちらに決めるか。この決断には、糸川先生の意外な「弱点」が関わってきます。まずは発射場の視察をすることにしました。先に向かったのは佐渡島です。視察に向かったのは糸川先生、そして糸川先生とタッグを組んでいた電気電子工学の高木昇先生です。

そこで事件は起きました。佐渡島へ行くには船に乗る必要がありますが、その日は生憎（あいにく）と海が大荒れだったのです。実は、糸川先生は船の揺れに非常に弱いので、船内では何度となく吐いてしまったといいます。ようやく佐渡島に上陸した途端に、糸川先生は開口一番に言いました。「高木先生、佐渡はやめましょう」。高木先生という方も大変温厚な方なので、糸川先生の心からの訴えに対して「そうだね、そうだね」と優しくうなずいたといいます。

その後、男鹿半島の視察に行くことになりました。その周辺を歩いているうち、秋田県の道川という海岸が発射に適しているということになり、糸川先生は即断即決しています（笑）。

この道川発射場で、日本のロケットは初めて空に向かって打ち上げられることになりました。一九五五年八月六日のことでした。当時のペンシルロケットは、国分寺で初めて発射した全長二三センチのものから、七センチだけ長くなったに過ぎません。全長（ミリメートル）をとって、「ペンシル300」と名付けられました（図2―3）。

図2-3　右から初代ペンシルロケット、ペンシル300、二段式ペンシル（提供：JAXA）

実はペンシル300の一号機は打ち上がらなかったのです。一号機の発射時には、発射台にペンシル300を据え付け、ビニールのテープで尾部を固定しました。「五、四、三、二、一……」と秒読みをしていると、ちょうどゼロを言う直前にビニールテープが剝がれてしまったのです。ペンシルロケットはまるでネズミ花火のような状態で地上を踊り、打ち上げは不首尾に終わってしまいました。

それでも、二号機の打ち上げには見事に成功。のちに糸川先生は、「ビニールテープを針金に替えてやったから成功した」と自慢げに話していたものです。

進化したベビーロケット

さて、道川実験でペンシルロケットはその大きな役目を終えました。その技術は、全長一メートルを超える「ベビーロケット」へと引き継がれることになります。ベビーロケットは二段式のロケットで、一九五五年八月に初発射が行われました。

ベビーロケットについて特筆すべきは、コントロールセンターのことです。コントロールセンターとは、ロケットの発射作業を監督する設備です。もちろんまったく不要というわけではありませんが、実はこのコントロールセンター、糸川先生がマスコミ向けのサービスに設けたという側面がありました。

マスコミの方は「絵になる」という言い方をします。つまり、なにかニュースを報じる際に、付随して見栄えのいい写真があったほうがいい。広報能力に優れた糸川先生は、そうした新聞記者の思いを感じ取って、コントロールセンターを用意したのです。

当然ですが、ロケットは高速で発射されます。ですから、当時の新聞記者が持っているようなカメラでは、とても撮影することができません。ロケットの写真がないロケット打ち上げの記事では、読者も興ざめです。そこで考案されたのがコントロールセンターというわけです。原型は国分寺のペンシルのときにもありました。

コントロールセンターには、裸電球がいくつか置かれていて、工程をクリアするごとに裸電球が一つずつ点いていく。発射準備が完了すると、「オールシステム・レディ」ということで、ひときわ大きな裸電球が点灯します。すかさず糸川先生が秒読みを始めて、ロケットが打ち上がるという仕組みです。

こうした仕組みは珍しい光景だったので、新聞記者は写真をたくさん撮りました。翌日の新聞は、すべてコントロールセンターの写真だったといいます。紙で作った「試作ロケット一号機」のときと同じように、低予算でのアピールに成功したわけです。

余談ですが、ベビーロケットを開発していた当時は、日本もずいぶんとのんびりした時代でした。ロケットの運搬は、馬車で行っていました。当時は火薬類取締法もさほど厳格ではなかったので、火薬を積んだロケットを、よいしょよいしょと人間が担いで運んでいました。

日本製ロケットの国際デビュー

ペンシルロケットからベビーロケットへと技術が進展するなか、いよいよ日本のロケットが国際デビューするチャンスがやって来ます。一九五七～五八年の国際地球観測年（IGY）という計画です。そのプロジェクトは、世界中の科学者が協力して地球を調べ尽くすというものでした。

IGYには、各国がロケットを打ち上げ、上空から地球を観測する計画も含まれていました。名乗りを挙げていたのは、アメリカ、ソ連、イギリス、フランスといった国々で、そこにアジアの国は一つもありませんでした。

しかし、地球を調べるという触れ込みにもかかわらず、東洋からの参加がゼロだと、アジアのデータがないのでまずい。そこで、なんとか日本で打ち上げることはできないかという議論が起こります。

一九五四年にローマで開かれたIGYの準備会合では、日本から出席した東京大学の永田武先生に対して、「日本は観測の機械だけ作ってくれれば、ロケットはアメリカが提供する」との提案がなされました。一九五四年といえば、まだ最初のペンシルロケットも打ちあげていない段階です。ですから、その申し出自体はありがたいものなのですが、永田先生は日本の将来を慮って、なんとか日本の力で打ち上げられないものかと考えました。先の申し出を保留して、一度日本に戻ることにします。

永田先生はさっそく糸川先生と面会します。一九五七年に始まるIGYに合わせて、上空一〇〇キロメートルに到達するロケットを打ち上げられないか。永田先生の問いかけに対して、糸川先生は「一〇〇キロメートルなら飛ばせます」と約束してしまいました。繰り返しますが、まだペンシルロケットは飛んでいない時期にもかかわらず、です。

これから水平に飛ばす実験をしようというのに、わずか三年ほどで垂直に一〇〇キロメートルまで飛ばすロケットを作るというのですから、ずいぶんと大胆な約束をしたものです。しかし、糸川先生も日本の意地を見せたかったのかもしれません。

そこから懸命な努力が始まりました。ところが、IGYが始まるまで一年を切っても、ロケットはまだ一〇キロメートルも打ち上がらない。糸川先生は「大丈夫、大丈夫」と言っていたそうですが、なかなか展望が開けずに苦しかったというのが、正直なところでしょう。

何がネックになっているのか。議論を尽くした結果、燃料がこのままだと駄目だとの結論に達しました。ロケットを高く飛ばすために、ロケットの燃料を新しいタイプのものにしなければならない。それがミッションとなりました。

「世界四強」の仲間入り

新しい燃料は、東京大学と日産自動車が一緒になって開発したもので、コンポジット推進剤と呼ばれました。その開発には大変な苦労があったと伝わります。

コンポジット推進剤の研究を始めたのは、一九五六年秋のことでした。当初糸川先生は「桜の花が咲く頃に」と言っていましたが、なかなかうまくいかない。ようやくコンポジット推進剤を詰めた「カッパロケット」(K-5)が打ち上がったのは、一九五八年四月のことでした。すでにIGYは始まっていて、あと八か月もしたら終わってしまうというタイミングでした。

ちなみに、カッパロケットという名称は、ギリシャ文字の「カッパ」からきています。ただ、日本には河童という妖怪もいることだし、音が似ている「カッパ」にすれば、日本人にも広く親しまれやすいとの狙いもあったといいます。

さて、改良を加えながら順次打ち上げられたカッパロケットは、一〇〇キロメートルには届かなかったものの、九月には六〇キロメートルにまで到達しました（K-6）。六〇キロメートルまで行けば上層大気の観測が可能ですから、温度や圧力、風の流れなどのデータを取ることができます。日本チームはそれらのデータをひっさげ、IGYに滑り込みで参加しました。

結局終わってみると、IGYでロケットを打ち上げることができたのは、アメリカ、ソ連、イギリス、そして日本だけでした。あれほど後塵を拝していた日本は、結果的に世界四強の仲間入りをしたのです。

IGYが終わったあとも、引き続きカッパロケット実験は続けられ、一九六〇年七月には一〇〇キロメートルを楽々超え、二〇〇キロメートル近くに達しました（K-8）。糸川先生が「大胆な約束」をしてからわずか五年で、本当に一〇〇キロメートルを打ち上げる本格的なロケットが完成したのです。

この直後、大変痛ましい事故もありました。一九六二年五月に打ち上げたK-8の一〇号機が、不幸にも大爆発を起こしてしまったのです。

爆発はロケットの一段目で起きました。現場は大騒ぎになったのですが、そんななかでも秒読みだけは淡々と続けられました。高中泓澄さんという秒読みの名手が、爆発が起こっても微動だにせず、ずっと秒読みをしていたのです。

幸いにも、爆発によるけが人は出ませんでした。しかし、そのまま海に向かって落ちたものですから、もしこのまま二段目に火が点くと、下手をすればこちらへ向かって飛んでくる可能性だってある。みんな大慌てで建物のなかに避難して、スクラムを組みながら震えて待機していました。

しばらくすると、案の定、ゴーッという音が聞こえて、海からこっちに向かってロケットが飛んできました。発射場のわずか上空を通って、そのまま後ろの農家の畑に突き刺さった。本当に肝を冷やすような大事故でした。

この事故を契機に、道川発射場は閉鎖を余儀なくされます。ただし、実はこの少し前から、GHQの規制が緩くなり、糸川先生の視線は、東が大きく開けている太平洋岸に向けられました。全国をくまなく行脚（あんぎゃ）した末、新たな発射場として鹿児島県の内之浦を選定し、道川で事故が起きる前の一九六二年二月から建設工事を始めていました。道川が使えなくなったことで、ロケットの発射場は、新たにできる内之浦に絞られることになっていきます。

常識外れの発射場

内之浦に決まるまでにもいろいろと「事件」がありました。

一九六〇年一〇月のことです。初めて内之浦を訪れる際、糸川先生はまず隣町の鹿屋(かのや)というところに降り立ちました。そこからタクシーで内之浦へ行こうという算段です。しかし、タクシーの運転手さんが露骨に嫌がるのです。おそらく、当時は道がまだ整備されていなかったので、小石が跳ねて車のボディに傷がつくのを嫌がったのでしょう。

本当に行きたくない運転手さんは、そのうち「道を知らない」とまで言い始めました。同行者は諦めて別のタクシーを拾おうとしたのですが、糸川先生は「じゃあ私が運転します」と運転席に座ってしまいました。ね、発想が違うでしょう？(笑)

内之浦では、町長たちが糸川先生の到着を待ちわびていました。しかし、なかなかやってこないので心配していた。ようやくタクシーが来たと思ったら、後部座席には姿が見当たらない。すると運転席から糸川先生が降りてきたので、腰を抜かしたという話が残っています(笑)。

内之浦という町は、お椀を伏せたような山岳地帯で、あたり一面が丘だらけです。普通に考えれば、発射場には不向きな土地です。調査の途中で尿意を催した糸川先生がちょっ

図2-4　内之浦に建てられた糸川英夫の銅像（提供：肝付町）

と小高い丘に立って立小便をし始めました。そして突然、「よしここに決めた」とつぶやいたそうです。同行者は耳を疑いましたが、糸川先生はどうやら本気のようです。

同行者が「こんな山岳地帯には発射場は作れません。アメリカやソ連みたいに、砂漠のような場所に作るのが常識です」と説得するのですが、糸川先生は「あなた、人の真似してどうするの」と聞く耳を持ちません。こうなってしまったら、ペンシルロケットを水平に発射しようとしたときと同じで、糸川先生は譲りません。

そこから必死の努力が実を結び、世界初となる山岳地帯の発射場が内之浦に完成しました。完成当初こそ、山岳地帯の発射場は珍しい存在でしたが、その後は他国からも真似されるようになりました。現在では、エスレンジ（スウェーデン）やアンドーヤ（ノルウェー）など、山岳地帯の発射場は珍しくありません。立派な先駆者だということで、糸川先生は国連からも表彰されることになります。

内之浦には、現在、糸川先生の生誕一〇〇年を記念した銅像が建っています。銅像を建てる計画が持ち上がった際に、私は「あの立小便をした場所に糸川先生の小便小僧を作るべきだ」と言い張りましたが、残念ながら却下され（笑）、東京藝術大学の本郷寛先生の手による立像が作られました。アンネ・フランクや田中正造の像を作ったことでも知られる大先生です。

千葉県の野田市にある本郷先生のアトリエにお邪魔したとき、「実は小便小僧にしてほしかったんです」と打ち明けたところ、「ははあ、でもそれだと形のわからないところが一か所ありますねえ」と言われました。そのとき「そこにペンシルロケットを据えましょうか」と言ったのは誰だったか。悪い冗談です。

銅像の土台には、晩年の糸川先生がいつも色紙に書いていた言葉が記されています。「人生でもっとも大切なものは、逆境と良き友である」。私が提案したアイデアで、こちらは関係者全員が賛成してくれました（笑）。

日本初の人工衛星に挑戦せよ

内之浦での研究開発に話を戻しましょう。これまで、ロケット開発で成果を上げ続けてきた糸川先生ですが、内之浦に行ってしばらくすると、先生の頭のなかに「日本でも人工衛星を打ち上げられないだろうか」という構想が浮かび上がってきました。日本初の人工衛星打ち上げへの挑戦です。

私がちょうど大学院の糸川研究室に入ったばかりの頃です。私は人工衛星に関係する計算をせっせとすることになりました。当時はコンピュータの黎明期です。現代のスマートフォンよりもはるかに粗末なコンピュータで宇宙をめざしていたわけですから、今となっては信じられない思いです。

人工衛星の打ち上げには、L(ラムダ)シリーズと名付けられたロケットが使われました。一九六六年九月二六日、L-4Sの一号機が初めて打ち上げられています。

通常のロケットと人工衛星を積んだロケットとでは、まるで話が違います。後者の場合は、人工衛星を地球周回軌道に乗せる必要があるからです。一九五七年にはソ連が「スプートニク」を、翌五八年にはアメリカが「エクスプローラー」を打ち上げたとはいえ、日本にはまだ難しいと考えても不思議ではありません。

当時の日本のロケット開発には、まだ制御技術がありませんでした。また、予算も足りないため、複雑な制御プログラムを作ることもできない。やはり「逆転の発想」「持たざる者の発想」が必要になります。日本が編み出したのは、打ち上げたロケットに対して一度だけ制御を施すという方法でした。

具体的に説明しましょう。打ち上がったロケットは、下部のロケットを切り離しながら上昇していき、最後には最終段のロケットと人工衛星の結合体だけとなります。そこで最終段ロケットを使って姿勢を水平に制御して軌道に打ち出し、最終段を切り離せば成功となります。つまり、最後の姿勢を水平にするところだけ制御できれば、なんとか人工衛星にできるのではないかと考えたのです。当時、この方法は「無誘導打ち上げ方式」や「重力旋回（gravity turn）」などと呼ばれました。

ところが、実際にこの方法を試してみるとなかなかうまくいかない。考え方はシンプルなはずなのですが、ロケットも含め、部品の点数は増えるし、理論と実際のあいだに飛躍があることを思い知らされました。結局、最初の打ち上げとなったL－4Sの一号機は、ロケットの経路がそれてしまいました。

突然の引退

引き続き試行錯誤は続きます。現場も意気消沈することなく、日本初の人工衛星打ち上げに尽力していました。しかし、L-4Sの二号機がうまくいかなかったところで大事件が起きます。糸川先生が突然、引退することになってしまったのです。

まだ定年を迎えていない糸川先生が、急遽引退することになったのは、ある全国紙の反糸川キャンペーンが原因でした。ほとんどの報道機関は、糸川先生が率いる人工衛星計画を理解し、応援してくれました。ところが、その全国紙だけが猛烈な反糸川キャンペーンを張った。しかも、プロジェクトの組織を攻撃するというのではなく、糸川先生個人を攻撃してきたのです。おそらく、何か事情があったのだとは思いますが。

このまま放っておくと、糸川先生個人への攻撃にとどまらず、組織そのものを攻撃し始めるのではないかということで、糸川先生は自ら身を引く決断をします。表向きには反糸川キャンペーンについてはまったく触れず、ただ「後進に道を譲りたい」という言葉だけを残して、辞意を表明しました。一九六六年一〇月のことです。

実際に辞めるのは翌六七年の三月だったのですが、その直前まで、私をはじめ大学院生は糸川先生が辞職することを知りませんでした。三月の頭に糸川研究室の大学院生全員が急に呼び出され、糸川先生から「三月末で辞めます」と聞かされました。「大学院生はどうなるんだろう」という心配を察したのでしょう、先生は「君たちのことはもう他の先生に頼んであるから」と言ってくれました。実際に、糸川先生はそのままあっさりと大学を去っていってしまいました。

糸川先生は、自らの身と引き換えに、人工衛星計画を守ってくれたのです。しかしその後、L－4Sの三号機の打ち上げも失敗に終わると、かの新聞社はついに組織への攻撃を始めるようになります。結局、こうした批判も受けて、次の打ち上げは規模を縮小し、ダミーの人工衛星だけを積んだテスト機（L－4T）にせざるを得なくなりました。

ただ、皮肉なことに、本物の衛星を積まず工学的なテストを目的として打ち上げたL－4Tは無事に成功します。その後、満を持してL－4Sの四号機を打ち上げますが、これがまたもやうまくいかない。このときばかりは、さすがに「次に軌道に乗らないと、もう日本のロケットはおしまいだ」という気持ちになったことを覚えています。次に打ち上げるL－4Sの五号機については、正真正銘、背水の陣で臨むことになりました。

人工衛星「おおすみ」の誕生

L－4Sの五号機は、一九七〇年二月一一日に打ち上げられました。結果は成功。日本で初めての人工衛星が誕生した瞬間です。チーム糸川の執念がようやく結実したといえるでしょう。

終わってみれば日本は、ソ連、アメリカ、フランスに次いで、自力で人工衛星を打ち上げた国となりました。記者会見では、プロジェクトメンバーの表

図2-5　人工衛星「おおすみ」
（提供：JAXA）

情が一様に晴れ晴れとしていたことをよく覚えています。内之浦の町民たちも、昼は旗行列、夜は提灯(ちょうちん)行列と、一緒になって喜んでくれました。打ち上げられた人工衛星は「おおすみ」と名付けられました（図2－5）。もちろんこれは、内之浦がある大隅半島にちなんだものです。

技術というのは不思議なものです。それまで何度もうまくいかなかったのに、一度成功すると、以降は高い成功率を収めるようになるのです。「おおすみ」に続けとばかりに、続々と人工衛星が打ち上げられていきました。結果的に、ほとんど毎年、きれいに一基ず

つの人工衛星が打ち上げられました。

なお、「一基ずつ」というのは、大蔵省（当時）が毎年判で押したように一基分の予算しか出してくれなかったことによります。やろうと思えば、一年に三基も四基も打ち上げることはできました。しかし、予算は絶対に一基分しか出ない。そのため、日本はコツコツと毎年一基ずつ、人工衛星打ち上げの実績を積み上げていくことになります。これも「持たざる者」の運命でしょうか。

知られざる趣味

本章では、糸川英夫先生というパイオニアを軸に、戦後日本の宇宙開発史を振り返ってきました。先生は偉大な業績を残してはいますが、とても人間味あふれる方だったこともおわかりいただけたでしょうか。

最後に、引退後の糸川先生についてご紹介しましょう。

糸川先生は、実に六三歳にしてバレエを始めました。貝谷八百子さんという著名なバレリーナをご記憶の方もいらっしゃるでしょう。彼女と糸川先生が対談をする機会があり、その縁で糸川先生が、バレエの切符を広範に売るシステムを考案してあげ、感謝した貝谷さんが、（よせばいいのに）お世辞がてら「バレエをやられたらいかが？」と声をかけたのです。

ところが、糸川先生はその気になってしまったのです。結局貝谷さんが主宰するバレエ団に入門し、本格的に習い始めました。私も先生からレッスンの写真をたくさん見せられ、今でもコンピュータのなかにそれらの写真が保存してありますが、レオタード姿の糸川先生はあまり見たくない（笑）。

真面目にレッスンに励んだと見えて、入門してわずか一年後には、帝国劇場の舞台で『ロミオとジュリエット』への出演を果たしています。このときは、糸川研究室のメンバーにも招待状が届けられました。正直なところ、足を上げて踊る糸川先生の姿なんか見たくないという思いでしたが、幸いにも先生はロミオのお父さん役で、派手に踊ったりする必要がない役回りでした。終演後にはみなで楽屋へ行って、糸川先生に花束を渡したことを覚えています。

趣味の話でいえば、糸川先生が若い頃から慣れ親しんだチェロも、よく「聴かされ」ました。

チェロ好きの糸川先生は、海外に出張するときも必ずチェロを持っていきました。しかし、チェロは繊細な楽器ですから、預けたくはありません。かといって、座席に持ち込むには大きすぎます。そこで糸川先生は、一人で二つの座席を取って、自分が座った横にチェロを置くようにしていました。

ただ、出張が重なってくると、二人分の座席を取る余裕もなくなってきます。周囲の人たちも「もうチェロを持っていくのはやめたらどうですか」と助言したところ、先生も「うん、そうだね」と納得した様子だったといいます。

普通の人であれば、そこで話は終わりです。しかし、糸川先生はやはり普通ではありませんでした（笑）。糸川先生は、自らコンパクトな組み立て式のチェロを制作し、それを持っていくようになったのです。常人の発想ではありません。

受け継がれる糸川イズム

本章で紹介した数々のエピソードからもわかるように、糸川先生という人は、公私を問わず、やりたくなったことは意地でもやり抜く人でした。大事なのは「できるかできないか」ではありません。「どうやったら実現するか」をいつも考えていました。

ですから、糸川先生は決して後ろ向きになりません。「これは無理だからやめよう」という発想がないのです。

もっとも、糸川先生が通そうとする「無理」を実行させせられることになる周囲の人々は大変です。そのなかで、ここまでに紹介してきたような数々の「トラブル」や「悲劇」も生まれてきました（笑）。しかし私は、周囲に迷惑をかけてでも進み続けるような人がいるからこそ、道は開けてきたのだと思います。糸川先生に限らず、歴史上の偉人にはそういうタイプの人物がたくさんいます。ただし、糸川先生がロケット開発に取り組んだのは、世界史の流れが宇宙時代を切り開く時代であり、それが糸川先生という人を活かす土壌になっていたことは、疑うべくもないと思っています。

戦闘機を作って、ロケットを開発し、チェロをたしなみ、バレエを習う。一見するとバラバラなことをやっているように見えます。けれども糸川先生ご自身は、ハーモニーを取りながらそれらの活動を行っている。好奇心、独創力、挑戦欲、リーダーシップ、広報能力……、さまざまな要素をあわせ持った人でした。

私が先生から最も影響を受けたのは、やはり彼の発想力です。普通の人が考えない方向にアイデアを寄せていく名人芸をいろいろな場面で見てきました。生前の糸川先生を知る仲間たちは、数々の困難にぶち当たったときには「糸川先生ならどう考えるだろうか」と考えるといいます。「先生なら前提条件を捨てて考えるだろうな」「あえて常識外の方法でやろうとするだろうな」と思い浮かべるのです。それによって、困難を切り抜けたことは一度や二度ではありません。

「糸川イズム」は今なお受け継がれています。糸川先生が「日本の宇宙開発の父」といわれる所以は、単に黎明期の技術を生んだというだけでなく、その独特の発想法や思考法が後進に多大なる影響を与えたからでしょう。

生前の糸川先生は「私は一三〇歳まで生きます」と言っていましたが、一九九九年、八六歳でこの世を去りました。ある日、もうだいぶお年になってから、年甲斐もなくガードレールを飛び越えてタクシーに乗ろうとしたところ、つまずいて骨を折ってしまった。それが原因で身体も動かなくなり、しばらくして亡くなってしまったというわけです。

私も最期のお別れに行きましたが、非常に穏やかな顔をしていました。戦後日本のロケット技術を築き上げた糸川先生の死は、一つの時代の終わりを告げるものだったといえるでしょう。

第三章　宇宙科学の先駆者たち——小田稔とX線天文学

天文学とは？電磁波とは？

前章では、「日本の宇宙開発の父」と呼ばれる糸川英夫先生を中心に、戦後日本の宇宙開発の歴史をたどってみました。続く本章では、日本の宇宙科学、とりわけX線天文学の「父」と呼ぶべき、小田稔先生についてお話ししていくことにしましょう。

小田先生のX線天文学は、やがて日本のお家芸となるX線天文衛星に結実していくことになります。したがって本章では、小田先生の業績を見ていきながら、日本の科学衛星、とりわけX線天文衛星の開発史について振り返ってみたいと思います。

そもそもX線天文学とは何でしょうか？　X線天文学は、天文学という学問の一領域です。天文学では、目に見える光（可視光）だけでなく、可視光を含むさまざまな電磁波を使って天体（宇宙空間にある物体）などの観測が行われます。

電磁波の種類は波長によって決まります（図3－1）。可視光線から波長を長くしていくと赤外線になる。さらに波長が長くなると、テレビなどで使われる電波になります。一方で、可視光から波長を短くしていくと、まずは紫外線となり、さらに短くなるとX線、ガンマ線（γ線）になります。

なお、「可視光線」と呼ばれるのは、たまたま人間の目に見える波長だからというだけ

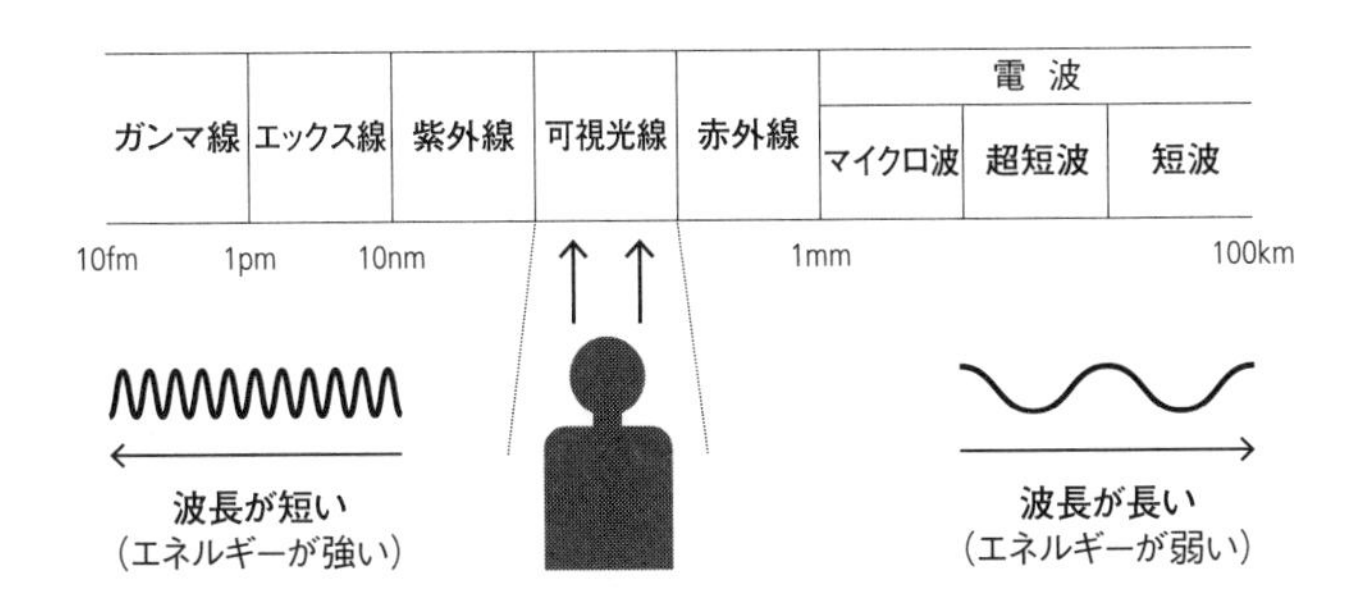

図3-1　電磁波の種類

の話です。他の動物となると話は違うので要注意です。たとえばガラガラヘビなどは赤外線が見えますし、モンシロチョウは紫外線で交信をしています。

私は内之浦の発射場で、夕暮れ時にマムシに出会ったことがありますが、このとき人間はへたに動くと余計に危ない。勘のいい方ならお気づきでしょう。暗くなって人間の目は利きにくくなっていますが、マムシには人間が身体から発する熱、すなわち赤外線をすべて見ることができるからです。

言い換えると、もし人間がマムシの目を持つことができれば、夜でも観測できる対象が大きく広がります。天文学の世界も同様です。以前には可視光線だけを望遠鏡で捉えていたわけですが、それでは天体の観測には限界がある。科学技術が発展するにしたがって、人類は可視光線とは違う「目」を手に入れるようになってきたのです。

言わずもがなですが、宇宙からはさまざまな電磁波が地球に向かって飛んできます。可視光線だけでなく、X線もガンマ線も、地球に降り注いできている。しかし、地球には大気がありますから、X線やガンマ線は大気に吸収されて地上には届きません。ですから、これは逆解釈になりますが、結局のところ人間は、地上でキャッチすることができる可視光だけが見えるように進化してきた、といえるかもしれません。

さて、可視光線以外の電磁波を観測しようという試みは、雷の研究がルーツとなっています。雷は非常に恐ろしい自然現象ですね。そこで、ジャンスキーという科学者が雷から出る電波を捉えようとアンテナを設置してみると、雷がないところから飛んできた電波を検知してしまったのです。よく調べてみると、そうした電波のなかの一つが、射手座から来ていることなどがわかった。それが一九三〇年代のことです。

こうして、まずは電波天文学という分野が始まります。そこからさらに発展し、X線天文学やガンマ線天文学などが花開いていくことになります。

やんちゃな鼻くその実験

そのX線天文学を築いた世界の立役者の一人が、本章でご紹介する小田稔（一九二三〜二〇〇一）先生です（図3－2）。一九二三年、札幌で生まれた小田先生は、糸川先生のおよそ一回り下です。今でいう大変な「イケメン」で、どういう角度から写真を撮っても非常に立派な顔になるような人でした。

のちに科学者になるような人物に限らず、小さい男の子は身のまわりの事象にすぐ疑問を抱くものです。小田先生が年端もいかぬ頃に初めて抱いた疑問は、「鼻くそがどうして大きくなるのか」というものだったそうです。毎朝起きると、鼻くそがたまっている。夕べ寝るときにはなかったのに不思議でたまらなかったといいます。

図3-2　小田稔（提供：毎日新聞社）

そこで、小田少年は朝になると小さな箱に自分の鼻くそを入れ、押し入れのなかにそっとしまっておいた。鼻くそが大きくなるかどうかの実験です（笑）。案の定、夕方に開けてみると、全然大きくなっていない。小田少年はさらに考えます。「鼻くその量が足りないのではないか」と思い至るようになり、来る日も来る日も箱に入れ続けたそうです。

この「壮大」な実験は、あるときお母さんが部屋の掃除をしていて、押し入れのなかにあるその箱を見つけたときに終わりを迎えました。小田少年は大変怒られたといいます。

このような話を懐かしそうに思い出しながら、「よくよく考えてみると、あれが私の人生最初のケンキュウだったんだ」と私に話してくれたものです。小さな頃から大変好奇心が強く、疑問に思うと一生懸命考える癖を持った人でした。

そんな小田少年はすくすくと育ち、台湾の台北高校に通うことになりました。小田先生のお父さんは、北海道帝国大学（当時）の医学部で先生をしていた方なのですが、当時は日本の領土だった台湾の大学に移ることになり、一家で移り住むようになったのです。小田先生が物理学を志すようになったのは、高校の先生に触発されたためだといいます。高校卒業後は大阪帝国大学（当時）に進み、大学を卒業すると研究者としての道を歩み始めます。

運命的な出会い

研究生活の初期は、宇宙線の研究をしていました。宇宙線とは、宇宙を飛び交っている高エネルギーの粒子のことです。しかしあるとき転機が訪れます。X線天文学のパイオニアであるイタリア出身の物理学者、ブルーノ・ロッシとの出会いです。

小田先生はロッシと会うなり、「この人はすごい」という直感が走ったといいます。そのうえ、二人の波長は非常に合った。小田先生は、一九五三年にMIT（マサチューセッツ工科大学）へ留学してロッシの下で学び、その後もたびたびMITを訪れました。累計すると十数年間、MITで研究生活を送っています。ロッシとの師弟関係は、生涯続くものとなりました。

小田先生がロッシとX線天文学の研究に従事したのは、一九六〇年代前半のことです。当時は、太陽以外の天体から届くX線をめぐって、X線天文学が大きく飛躍した時期でした。それ以前のX線天文学では、太陽から発せられるX線だけしか観測することができていなかったのですが、太陽の外へと観測対象を広げることで、X線天文学の可能性が一気に膨らんだのです。

そんななか、ロッシはアポロ計画（一九六一〜一九七二）に便乗して、X線を測定するためのロケットを打ち上げました。当時のアメリカでは、アポロ計画という名目さえあれば、多くの予算を獲得することができた。世渡り上手のロッシは、「月から来るX線を測りたい」ということを名目に予算を通したのです。

このときロッシがタッグを組んだのは、やはりイタリア出身の物理学者であるリカルド・ジャッコーニでした。二人はX線の観測を行い、ついには太陽以外の天体からと思われるX線を初めて検出しました。一九六二年に打ち上げられた「エアロビー150」というロケットの成果でした。

これには世界中が色めき立ちました。太陽以外からも、X線が地球に届いているということがわかったからです。このX線がどこからやって来たものか、ロッシとジャッコーニは議論を重ねます。その過程で、小田先生にも意見を聞いてみようという話になったそうで、急遽、小田先生がＭＩＴに招かれます。

小田先生の原点はここにあるといえるでしょう。ロッシやジャッコーニとの議論を通して、X線の発信源を特定することこそが、天文学における最も重要な仕事であると自覚するに至ったわけです。この時期以来、小田先生は来る日も来る日も同じ問題意識を持ち続けることになりました。

ケネディ暗殺事件から生まれたアイデア

エアロビー150が検出したX線は、どこからやって来たのか。議論と検証を重ねるうちに、次第にサソリ座のあたりではないかと考えられるようになりました。しかし、サソリ座は範囲が非常に広いので、当時の技術では細かく発信源を特定することができない。ただただ漠然と「サソリ座の方向」ということしかわからなかったのです。

そうした状況を一気に打破したのが、小田先生の発明である「すだれコリメーター(modulation collimator)」でした。すだれの原理を応用した観測装置です。このすだれコリメーターの登場によって、X線観測の分解能(観測対象を細かく識別する能力)は飛躍的に向上しました。

この大発明ができた背景には、ある歴史的な事件が関係しています。

一九六三年のことです。小田先生はMITで研究に従事していたのですが、あるとき、アフリカで開かれる学会に出席することになった。ただ、現地では黄熱病という伝染病が流行っていたので、予防注射を打つ必要がありました。

病院で予防注射を打ち終えた小田先生は、熱っぽい感じがしてフラフラするので、帰り道のペットショップで少し休むことにしたそうです。熱で頭がボーッとしながら、ハッカネズミが回し車を使って遊んでいる様子を見ていました。あの格子の間から見え隠れする姿ですね。そのときの「映像」が、妙に頭のなかで引っかかっていたといいます。

ただし、その場ではアイデアがひらめくことはありませんでした。なんとか体調を快復させた小田先生は、家に帰ってラジオをつけてみると、アナウンサーがけたたましく叫んでいました。どうやら「assassination」と繰り返し言っている。しかし当時の小田先生はその単語の意味をすぐには理解できず、「何を騒いでいるのだろう」と思って耳を傾けてみると、そのうちケネディ大統領の名前が出てきた。そう、現役アメリカ大統領の暗殺事件です。

事の重大さがわかると、ボーッとしていた小田先生の頭は一気に冴えてきました。そして、ペットショップで見た回し車の「映像」が、突如としてよみがえってきたといいます。人間の頭脳というのは不思議なもので、ケネディ暗殺という大事件を契機に、それまでモヤモヤと頭のなかに引っかかっていた考えが、一斉にクリアになっていきます。そこで小田先生は、回し車にヒントを得て、X線の発生源を突き止めるアイデアを整理させていきます。一一月二二日のことでした。

「すだれコリメーター」の誕生

そのアイデアは簡単にいうと、次のようなものです。回し車のような格子があって、向こうからX線がやって来ると、格子にX線が入る角度によって、反対側にできる「影」が違ってくる。逆にいえば、その「影」を見ることで、X線がどの方向から、どういう角度でやって来たのかを特定できるというわけです。さらに、すだれ状の格子を何重にもうまく組み合わせることで、X線の来る方向を精密に測ることができるのではないか——。ペットショップの回し車が生んだ発想でした。

アイデアを思いつくと、小田先生は「これだ！」と確信し、すぐにすだれコリメーターを作り始めました。翌一九六四年には、すだれコリメーターが完成し、X線の観測に用いられています。

その結果、サソリ座のX線源を七分以内の精度で特定することに成功しました。ここでいう「分」というのは、時間ではなく角度の単位で、一度の六〇分の一の角度に当たります。つまり、七分は六〇分の七度ということになります。こうしてサソリ座のある星からX線が来ていることが、はっきりとわかるようになりました。X線の輝かしいナンバーワンということで、その星には「サソリ座X1」という名前が付けられています。

すだれコリメーターが実現した、七分という分解能は画期的なものでした。それ以前に使われていたのは、薄板コリメーターと呼ばれるもので、その分解能は九〇度という非常に大雑把なものです。

また、すだれコリメーターは、精度を上げる方法という点でも、従来の薄板コリメーターよりも優れていました。

薄板コリメーターの場合は、精度を上げるためには薄板を長くしていく必要があります。しかし、人工衛星に積むことができる観測装置の大きさには限界がある。必然的に、薄板コリメーターの精度にも上限が課せられることとなりました。

一方、すだれコリメーターは、格子をうまく組み合わせることで、精度を上げることができる。比較的小さく、軽い装置ですから、人工衛星に積んでも、高い精度でX線を観測することができるというわけです。

アメリカか日本か

以上のように、小田先生はアメリカで華々しい研究生活を送っていました。しかし、アメリカでの生活が長くなっていくなかで、だんだんと日本が恋しくなっていったといいます。

ちょうどその頃、糸川英夫先生が中心となって東京大学に宇宙航空研究所を設立しました。一九六四年のことです。宇宙航空研究所設立の噂を耳にした頃から、小田先生は日本へ帰りたいとの思いを募らせていきました。しかし同時期、MITからは正教授就任の話が来ていました。アメリカの大学で外国人が正教授になるのは、非常に険しい道であり、とても名誉なことです。

宇宙航空研究所とMITとのあいだで板挟みとなった小田先生は、おおいに悩んだそうです。しかし最終的には、お子さんたちの教育のことなどもあって、日本への帰国を決意しました。

一九六六年、日本に戻ってきた小田先生は、宇宙航空研究所の教授に就任しました。それからの小田先生は、まさに「日本の宇宙科学の父」と呼ばれるべき、八面六臂（はちめんろっぴ）の活躍を見せることになります。とりわけX線天文学の確立という点において、偉大な業績を残していきます。

小田先生が日本に帰ってくると、すだれコリメーターはすっかり日本のお家芸となりました。その分解能はどんどんと改善され、ついには一〇秒という水準を達成します。一秒は一度の三六〇〇分の一ですから、三六〇〇分の一〇度という非常に高い水準です。

こうした技術的進歩の結果、X線観測の精度が、可視光観測の精度に追いつくようになってきました。すなわち、X線で観測した星と、可視光で観測した星とを、対応させることが可能になったのです。

実は従来から、岡山天文台が可視光によってある青い星を観測し、「あれこそが、X線によって観測されたサソリ座X1ではないか」と予言していました。しかし、X線観測の制度が低かったため、同定はできない。ところが一〇秒という分解能を持ったすだれコリメーターの登場によって、二つの星が同じであるということが確定されました。このニュースには世界中が沸き立ったものです。これにより、X線天文学という学問分野が広く一般にも認知されるようになりました。

ブラックホール発見!?

その後も、すだれコリメーターを使ったX線観測により、世界中でさまざまな発見が続きました。

一九六八年から七〇年のあいだには、はくちょう座のX線源が特定されました。そのX

線源は「はくちょう座X1」と名付けられます。また、ほぼ同時期には大きな青い星も観測され、当初はこれがはくちょう座X1なのではないかと考えられていました。しかし、さらに観測を続けていくと、大きな青い星からはX線が出ていないことがわかった。

これにより、世界中で大きな論争が始まりました。もしかすると、X線を出している未知の天体が近くに別にあって、その天体が大きな青い星と連なっているのではないか——。

このような可能性がさまざまに取り沙汰されては、決定的な証拠には欠け、断定しかねる状況が続きました。

そんななか、一九七一年に東京天文台（現在の国立天文台）が重要な発見をします。大きな青い惑星から噴出しているガスが、X線を出している未知の天体に吸い込まれているという証拠をつかんだのです。と同時に、この未知の天体が、とてつもない重力を持っていることがわかりました。

この発見を受けて小田先生は、未知の天体にガスが吸い込まれていく様子を、X線を通して観測していきます。そこで小田先生が得た結論は、世界中に衝撃を与えました。この未知の天体の正体がブラックホールではないかとしたからです。

ブラックホールは、みなさんもご存じでしょう。非常に大きな重力を持った天体で、周囲の物質を吸い込んでしまう性質があります。ブラックホールからは、光でさえ逃れることができません。ただし、当時の科学界では、ブラックホールというのはあくまでも架空の天体でした。理論上存在しうるとされただけで、実際に観測されたことはなく、所詮は物理学者の「お遊び」と見なされていたのです。

そんな時代に小田先生は、「ブラックホールが観測できるかもしれない」と衝撃的な予言を行ったのです。世界中の科学者がどれだけ驚いたかは想像もできません。

小田先生の考えたブラックホールのモデルは、次のようなものでした。大きな青い星とはくちょう座X1は連星であり、そのうちはくちょう座X1はブラックホールだというのです。はくちょう座X1は大きな青い星からガスを吸い込み、そのガスを吸い込んだときにX線が発せられているのではないかという仮説でした（図3－3）。

小田先生の予言はのちに的中し、現在ではブラックホールの実在とそのモデルは常識となっています。日本のお家芸が成した歴史的な発見でした。

なお、はくちょう座X1の正体をめぐっては、当時、世界中で一〇〇本近い論文が矢継ぎ早に発表されました。その際、ほとんどすべての論文に「ミノル・オダ」という名前が

図3-3　はくちょう座X1のイメージ図（NASA/CXC/M.Weiss）

連名で入っていたといいます。

もちろん、小田先生がすべての論文に直接関わったわけではありません。小田先生が知らないところで、論文に名前が入っていたというものもあったのです。というのも、X線天文学の論文を書くためには、すだれコリメーターの利用が不可欠となっていたので、その発明者である小田先生の名前を入れる科学者が世界中で相次いだのです。

当時、小田先生は「僕の知らないうちに論文の数が増えちゃった」と、笑って口にしていたものです。しかし、すだれコリメーターの発明はそれほどの偉業だったのです。

日本初のX線天文衛星

小田先生たちの尽力により、X線天文学が大きく発展を見せると、別のプロジェクトが立ち上がってきます。人工衛星によるX線観測です。すでに他国では進められていましたが、やはりX線天文学を「お家芸」とする日本としても、やはり人工衛星でX線観測を行いたい。そこで、日本初のX線天文衛星「CORSA（コルサ）」を打ち上げる計画が立てられます。一九七〇年代半ばのことです。

当時の私は、コントロールセンターでロケットの軌道監視の仕事に就いていました。この仕事は運動神経と体力が必要とされ、ある程度年を取ってくると業務にあたるのが厳しくなってきます。人工衛星を軌道に投入するまでは六、七分かかるのですが、そのあいだ常に緊張を保つことが難しいからです。

軌道監視の作業は、ロケットが打ち上がった途端に始まります。ロケットの打ち上げには、当然、予定しているコースが存在します。打ち上げたが最後、基本的にはすべてコンピュータに任せて、その予定したコースを飛んでいくことになる。ジャイロと加速度計を使いながら、コンピュータが自分で計算して飛んでいきます。ただし、すべてが計算通りにいくわけではありません。不測の事態でコンピュータが故障するかもしれない。そんなケースのために、私のような軌道監視の仕事が必要とされます。

第二章で見たように、すでに一九七〇年には日本初の人工衛星「おおすみ」が打ち上げられ、ロケットの技術はかなりの進展を見せていました。CORSAの打ち上げには「M(ミュー)-3C」というロケットが使われ、一九七六年二月四日に行われました(図3-4)。場所は鹿児島県の内之浦です。

M-3Cは三段式のロケットです。打ち上げられると、まず一段目が切り離されて海に落ち、さらに上昇すると二段目も切り離され、これも海に落ちる。続いて三段目が切り離されると、残された人工衛星がエンジンを吹き、しかるべき軌道へと進んでいく——というのが予定された段取りでした。

図3-4　CORSAを載せたM-3Cロケット3号機(提供:JAXA)

CORSAを打ち上げるその日も、私は軌道監視の仕事をしていました。打ち上げられたM-3Cは、発射後七六秒で一段目の燃焼が終わり、発射後八四秒で一段目と二段目が切り離されました。さらに発射後八六秒には二段目の燃焼が開始され、そのまま基準線に沿って飛んでいく。そのはずでした。

ところが、二段目が点火した途端に、ロケットが妙な動きを見せたのです。基準線から少しずつ外れていったかと思うと、急に水平に向き始めました。私は非常に困りました。ロケットがどのくらいのスピードを出して進み、最終的に人工衛星が軌道に乗るだけのスピードに達するかどうかを計算するのも私の役目でした。

このときのロケットの高度を見ると、八〇キロメートルの高さでした。実は、この高さは相当まずい。まだまだ大気が濃い高さなので、そのまま地球を周回しようとしても、空気抵抗で人工衛星が簡単に落下してしまうからです。念のためにスピードを計算してみると、第三段に点火して加速すれば人工衛星が軌道に乗るだけの速度には達するようです。しかし、たとえ十分なスピードがあったとしても、空気抵抗がある以上は、地球を一周もしないうちに落ちてしまいます。

非情の決断

最終的には、先輩の松尾弘毅さんと雛田元紀さんが決断をしました。

結局は空気抵抗でどこかに落ちてしまうなら、いっそのこと三段目に点火するのをやめて、指令電波の練習をしようという決断でした。三段目に火を点けるのをやめれば、ロケットはまだ太平洋の上を飛んでいますから、三段目と人工衛星がくっついた状態のまま海に落下します。被害が生じる可能性は低くなります。

そう考えたわれわれは、三段目の点火を停止する指令を出しました。ロケットの発射には、さまざまなイベントを予定に沿って実行するタイマーがあるのですが、そのタイマーを停止する指令を送信したのです。やむを得ない決断でした。

こうして、ＣＯＲＳＡ衛星は太平洋の藻屑(もくず)と消えました。そしてそれから二週間後には、原因が明らかになってきました。

コンピュータに覚えさせてあったロケットの二段目と三段目の基準履歴が、発射の際の衝撃で入れ替わっていたのです。つまり、二段目に点火したところで、コンピュータは三段目のデータを提供し、その通りに水平に飛び始めたのです。

ですから、ロケットの機器それ自体は間違って機能したわけではありません。コンピュータの命令通り、きれいに飛んでいったとすらいえます。二段目が水平方向に飛び始めたのを目にして、私は思わず「何だか三段目みたいだな」と口にしたのですが、ロケットにしてみれば、本当に三段目のつもりで飛んでいたのです。

なお、この種のミスは現在では起きないようになっています。CORSAの失敗を教訓にして、発射手順がうっかりと入れ替わってしまうことがないよう、ソフトを切り替える対策などが取られました。

私もCORSAの失敗は大ショックでした。しかし小田先生の落ち込みぶりはそれ以上で、日本初のX線天文衛星に大きな期待を寄せていただけに、かなりまいってしまったようです。

私たちが内之浦で泊まっていたのは「福の家旅館」という旅館でした。向かって右側に「ロケット」というバーがありました。糸川先生が付けた名前ですが、今は建て替えられて「ニューロケット」という店名になっています。

打ち上げ失敗の夜、小田先生は「これで日本のX線天文学は一〇年置いていかれた」と嘆きながら、バー「ロケット」でへべれけになるまでお酒を飲んでいました。お店で飲んでいた町の人が、思わず「先生、そんなにがっかりせずにまたやり直してくださいよ。漁業だって、魚のとれない年はあるよ」と、慰めていたほどです。しばらくすると、その人は「そんなに酒ばかり飲んでいると毒だ」と言って、われわれを自宅に招いてくれました。とてもおいしい猪鍋をごちそうしてくれたものです。ただ、小田先生は前後不覚で、どこへ連れていってもらったかもわかっていなかったようですが（笑）。

　小田先生はサイエンスの人です。つまり、M－3Cの打ち上げ失敗については本来責任を負う必要はありません。しかし、何より日本のX線天文学にとっての悲願でしたから、大変な落胆でした。

世界中が羨望した「はくちょう」

　いつまでも落胆に暮れていてはなりません。CORSAは失敗しましたが、すぐに次のプロジェクトが始動しました。CORSAの計画に参加していたメーカーから、「すぐにでも新たなX線天文衛星を打ち上げましょう」という提案がなされたのです。

　メーカーにとっては赤字覚悟の提案です。一九七〇年代後半のメーカー企業には、直接儲からないような事業にも挑戦し続けるだけの体力と知性がありました。しかしそれ以上に、黎明期から官民一体になって宇宙開発に取り組んできた歴史が、こうした提案をしていただく下地になっていたと思います。

　CORSAの失敗から三年後の一九七九年二月二一日、雪辱戦となる打ち上げが行われ

図3-5　人工衛星「はくちょう」（提供：JAXA）

ました。

ロケットが打ち上がったのを見ながら、私は「またCORSAと同じことが起きたらどうしよう」と不安でたまりませんでした。そうした心配をよそに、ロケットはまっすぐ基準線に沿って飛んでいき、見事に成功を収めます。まさに、全員の執念がロケットに乗り移ったかのような打ち上げでした。日本初のX線天文衛星が誕生した瞬間です。偶然にもこの日は、小田先生の誕生日でもありました。

このX線天文衛星には「はくちょう」という名が付けられることになりました（図3-5）。もともとは「ぎんが」という名前が付けられるはずでしたが、小田先生がどうしても「はくちょう」にしてくれと懇願して「はくちょう」になったという経緯があります。

お気づきの方もいらっしゃるでしょう。かつて小田先生が心血を注いで観測した、はくちょう座のX1に由来しているのです。小田先生がそこまで言うものですから、誰も抵抗することはできませんでした。

「はくちょう」の打ち上げによって、日本のX線天文学は世界の最前線に躍り出ることになりました。というのも、不思議なことに八〇年代に入ると、ヨーロッパやアメリカが持っていたX線天文衛星がすべて故障し、X線のデータを取れなくなってしまったからです。X線観測が可能な人工衛星を持つのは、事実上、日本だけとなったため、宇宙から来るX線は「はくちょう」がデータをすべて独占しました。日本がこうした地位を占めることは過去にもなかったことです。

一時期、各国のX線天文衛星が壊れたのは、日本が妨害電波を出したためではないかという心無い新聞記事が載ったことがあります。もちろん、そんな妨害電波を出せるわけがありません。そんな的外れな記事を書かれるくらい、当時のX線観測の世界は、日本が打ち上げた「はくちょう」による独壇場だったのです。

以上のように、さまざまな「幸運」も重なって、日本のX線天文学は世界をリードする立場に一挙に躍り出ました。その意味で、「はくちょう」は日本の宇宙開発史に残る記念碑的な人工衛星といえるでしょう。

人工衛星「鉄腕アトム」誕生？

その後も、日本はX線天文衛星を次々に打ち上げていきました。一九八一年には、太陽をX線で観測する日本初の人工衛星「ひのとり」が打ち上げられています。

厳密にいえば、X線観測が可能な人工衛星のなかでも、太陽の観測を目的とするものは太陽観測衛星として、形式的にはX線天文衛星とは区別されます。したがって、「ひのとり」は「はくちょう」の直接的な後継機ではありません。「ひのとり」を元祖とする太陽観測衛星は、それから「ようこう」（一九九一年）、「ひので」（二〇〇六年、アメリカ・イギリスと共同開発）が打ち上げられ、活躍するに至っています。

ここで「ひのとり」に関するちょっとしたエピソードを披露しましょう。「ひのとり」の打ち上げに成功した一九八一年前後は、ちょうど手塚治虫（てづかおさむ）さんの『火の鳥』という漫画が大ブームになっていました。

私は「手塚さんに断わらなくていいですか」といぶかったのですが、先輩方が「別に構わないだろう、こっちの方がはるかに速いのだから」といって変な理屈で気にも留めないのです。それでも私はどうにも気持ちが悪く、「ひのとり」の打ち上げが成功したあとに、高田馬場の手塚プロダクションに行き、事後承諾を求めることにしました。

手塚さんを前に言いました。「火の鳥」というのは固有名詞ではないけれども、こんなに漫画が流行っている頃にそれを詐称したと言われると困るので、ぜひご理解をいただきたい――そういった趣旨の説明をすると、手塚治虫さんは「いいですよ、いくらでも使ってください」と快く応じてくれました。続けて「次の衛星は『鉄腕アトム』でどうでしょうか」という提案までいただきました(笑)。その手塚さんの冗談が実現しそうになった話もありますが、それはあとのお楽しみ。

さて、「はくちょう」や「ひのとり」の成功により、X線観測は日本の得意技へと成長していきました。敗戦直後にはゼロから宇宙開発を進めざるを得なかった日本が、今や世界をリードする存在になったのです。

日本ならではの方法

X線天文学の発展によって日本の宇宙開発が非常に元気だった頃に、アメリカの現場では大変深刻な事故が起きます。一九八六年に発生した、スペースシャトル「チャレンジャー」の爆発事故です。

チャレンジャーの事故は、アメリカで大問題となりました。どうして失敗したのか。何か体質に問題はなかったのか。議会でも相当論争になったといいます。そんな折、フリーマン・ダイソンという有名な物理学者が議会の証言台に立って、次のような話をしています。

「アメリカは今まで大きなものばかり打ち上げてきた。一方、日本は毎年、小さな衛星を頻繁に打ち上げている。一年に一基ずつ小さな衛星を機動的に打ち上げることによって、日本は着実に最前線の成果を上げてきている。アメリカも大艦巨砲主義を排して、日本のような方式を見習ってはどうか」

非常に格調高い演説のなかで、日本の宇宙開発の戦略を称えました。さらに彼は、日本の宇宙開発の姿について、「Small but quick is beautiful」と述べて、演説を締めくくっています。

「Small Is Beautiful」という言葉は、一九七三年にイギリスの経済学者、エルンスト・シューマッハーが執筆した経済学に関するエッセイ集で世界的に有名になりました。小さいことは美しい、という意味です。ダイソン博士は、それに「but quick」、すなわち機動性が備わっているからこそ素晴らしいとの見方を付け加えました。この言葉は、日本の宇宙開発の特徴をピタリと言い当てた言葉だと思います。糸川先生がモットーとしていた

「金がないなら頭を使え」にも通じるところがあります。

大きなものを打ち上げようとすると、どうしても実現までに時間がかかります。一方、小さなものであれば、短いサイクルで打ち上げることができる。そのため、日本の小さな人工衛星には、常に最新のセンサーを搭載することができました。人工衛星に載せるセンサーは、数か月もすると古くなるくらいに競争が激しい分野です。

日本の方法論が功を奏した逸話があります。一九八七年二月五日、日本は「ぎんが」というX線天文衛星を打ち上げていますが、直後の二月二三日、大マゼラン雲で超新星爆発が起き、ものすごく明るい星が突如として出現しました。超新星爆発はとても激しい現象で、X線を大量に放出します。しかし、打ち上げたばかりの「ぎんが」はこのX線を見事に捉え、世界中から注目されました。これも、「ぎんが」が最新の機器を搭載していたからこそできたことです。

「ひとみ」プロジェクト

日本初のX線天文衛星として「はくちょう」が打ち上げられたあとも、X線天文衛星は次々に打ち上げられています。そのときに現役で使われているX線天文衛星の寿命がくると、すぐに次のX線天文衛星が打ち上がり、宇宙には常に日本のX線天文衛星があるという状態になりました。

一九七九年の「はくちょう」の後継機は、一九八三年の「てんま」です。その後、「ぎんが」(八七年)、「あすか」(九三年)、「すざく」(二〇〇五年)と続きます。ただ、残念なことに、「すざく」に続くはずだった「ひとみ」(二〇一六年)が機能停止したことで、二〇一七年現在、日本のX線天文衛星は事実上の不在状態となっています。

小田先生とX線天文学について紹介してきた本章の最後では、この「ひとみ」についてご紹介しましょう(図3-6、図3-7)。

二〇一六年二月一七日に打ち上げられた「ひとみ」は、日本が中心となってアメリカやヨーロッパとも協力し、何百人もの研究者が参加した一大プロジェクトでした。成功していれば、X線天文学において一世代を築けるような人工衛星になっていたはずです。

その性能は驚異的です。「ひとみ」は衛星全体が望遠鏡のようになっており、その感度は「すざく」の一〇〇倍にも及びます。日本初のX線天文衛星である「はくちょう」では、小田先生が開発したすだれコリメーターで観測していたのですが、現在はすだれコリメーターに加えて、X線望遠鏡の時代になっています。

図3-6　人工衛星「ひとみ」のイメージ図(イラスト:池下章裕)

図3-7　「ひとみ」打ち上げの様子(提供:JAXA)

X線望遠鏡の登場は非常に画期的でした。可視光線とは異なり、X線は透過力が強いことが知られています。そのため、鏡を使った反射望遠鏡は作ることができませんでした。X線の望遠鏡なんて「夢のまた夢」と言われたものです。ところが、科学技術の進展には目覚ましいものがあり、電磁波が持つ「全反射」という現象をうまく使い、X線望遠鏡はとうとう実現したのです。

X線のような電磁波は、普通は反射しません。しかし、入射角が非常に浅い場合には、一転してすべてを反射してしまうことがある。これが「全反射」という現象です。そこで、入射角を非常に浅くしてX線を受ければ、反射望遠鏡のようにうまくX線を集めることができるのではないか――。そう考えたアメリカ人が、X線望遠鏡を作り出すことに成功しました。

初期のX線望遠鏡は、反射鏡の数が少なく、集められるX線はごくわずかでしたが、現在では何十という薄い反射鏡を層にした構造を作り、十分なX線を集めることができるようになっています。たとえば「ひとみ」に載せられたX線望遠鏡は、実に二〇〇を超える層からできています。

もちろん、小田先生のすだれコリメーターが過去の遺物になったわけではありません。

すだれコリメーターは、X線がやって来る方向を正確に捉えるという点で非常に優れているからです。ただし、そこにX線望遠鏡という最新の観測装置を加えることで、可視光の望遠鏡と同じように像を結ばせる、すなわち画像としてX線源を捉えることができるようになったのです。

最新のX線望遠鏡を積んだ「ひとみ」の最大目標は、ブラックホールの理解をさらに深めるということでした。天文学が抱えるさまざまな問題を解明するような、非常に野心的なプログラムが組まれていました。しかし、残念ながらそうしたプログラムも、「ひとみ」の機能喪失とともにひとまず棚上げになってしまいました。

「ひとみ」の事故状況

打ち上げられてから一か月ほどは、「ひとみ」も順調に機能していました。

二〇一六年二月一七日に打ち上げが成功したのちは、二九日までにさまざまな準備作業をしています。軌道にもうまく入り、太陽電池パネルの展開にも成功している。通信などもすべて正常で、いよいよこれから大きな観測が始まるという状況でした。

二九日には、観測作業の第一歩として、姿勢制御用のデータ設定が行われました。これも重要な作業です。衛星が実際に宇宙に行き、軌道が正確に決定されると、それに応じて観測計画を最終調整する必要があるのです。そうしてできた観測計画に対応して、姿勢制御のデータを詳しく再設定する必要があります。

その後もさまざまなオペレーションがなされ、打ち上げから約一か月経った三月二六日午前三時には、機体の姿勢変更が行われました。この段階では、「ひとみ」は順調との報告がなされています。

異変はその日の夕方四時四〇分頃に起きました。「ひとみ」との通信ができなくなっているというのです。のちに事故調査委員会が作成した報告書によると、「順調」と判断された直後に、機体が異常な回転を開始している事実が発覚しました。その原因を究明し、対処を試みたものの、正常には戻りませんでした。

その後、二六日の深夜に「ひとみ」からのものと思われる電波が受信されました。一分か二分くらいのわずかな時間ですが、電波が来たということは、通信機能はまだ全壊していない。一同はそう安心しました。しかし、二八日の深夜に弱々しい電波が届いたのを最後に、ついに「ひとみ」からの電波は断絶してしまいました。

「ひとみ」の異変は、地上からも確認できていました。岡山県にある倉敷科学センターに、三島和久さんという非常に優れた学芸員がいます。彼が望遠レンズを使って撮影した様子によれば、「ひとみ」は五秒周期で回転しているらしいことがわかりました。

意外に思われるかもしれませんが、人工衛星というのは弱々しい構造物です。宇宙空間で活動するわけですから、空気抵抗などを考慮する必要がなく、その分より多くの観測機器を載せるようにしてあるのです。したがって、回転の周期が三秒くらいになると、衛星はバラバラになってしまう可能性があります。その点、五秒という周期はかなり危険な状況といえるでしょう。

アメリカの軍事レーダーも「ひとみ」の姿を捉えていました。アメリカの観測によると、「ひとみ」の本体以外に一〇個ほどの物体が見つかったといいます。さらに、そのうちの二個が、四月二九日と五月一〇日に大気圏に突入して燃え尽きるという予報もなされました。

これらの情報を総合すると、絶望的といえるでしょう。それでも「ひとみ」を復旧させるために、さまざまな措置が講じられました。しかし、「ひとみ」が再び機能することはなく、二〇一六年四月二八日には復旧を断念します。プロジェクトが完全に終わりを告げた瞬間です。

事故を糧とせよ

事故を起こしたときに必要なのは、その原因を突き止め、次に同じ轍を踏まないことです。「ひとみ」が突然動かなくなり、機体がバラバラになった原因についても、データが徹底的に解析されました。すると、二月二九日に姿勢制御用の再設定をしたときに、データに誤りがあったことが判明しました。

誤った姿勢制御の命令を下された衛星はどうなってしまうのでしょうか。

衛星には、スタートラッカーが搭載されています。ごくごく簡単にいえば、スタートラッカーとは、衛星が星の位置を見て自分の方向を判断するカメラです。本来であれば、スタートラッカーで測定した自分の位置と、オペレーターから送信された位置データは合致するはずです。しかし、オペレーターから送信されたデータが間違ったものだった場合には、当然のことながら、スタートラッカーで測定した位置情報とはズレが生じます。

すると何が起きるでしょうか。衛星は、そのズレが生まれた理由を「自分が回転しているためだ」と判断してしまうのです。もちろん実際には回転していないのですが、ズレが生じている以上、それはある意味合理的な判断といえます。

問題なのは、この時点で衛星が回転していたら異常事態だということです。そこで、衛星は姿勢を正しく制御するために、回転を止めようとします。回転しているものを止めようとすると、逆向きに回転の力を加えなければなりません。ところが、今回のケースでは実際には回転していないわけですから、逆向きに回転する力を加えると、止まっている衛星が回転し始めてしまう。逆効果です。

また、回転がある程度の速さになると、太陽電池パネルが自動的に太陽の方向を向くようにガスジェット噴射をします。ここでも誤ったデータが用いられ、回転はさらに悪い方へと加速していきました。

その結果、回転数は許容値を超え、ついには機体の損壊を引き起こします。衛星のなかで一番弱いのは、太陽電池の付け根の部分と、X線望遠鏡の焦点面（全反射で取り込んだX線を集め、像を結ぶ面）を支える支柱なのですが、この両者が外れたと考えられています。アメリカが大気圏に突入すると予測した二個の物体も、おそらくはこの二つではないでしょうか。

このように「ひとみ」の事故原因を分析してみると、明らかな人災だったことがわかりました。人間が機械に送るデータが間違っていたのですから、人災としか言いようがありません。実際、ハードウェアは人間が入力したデータ通りに動いていました。

したがって今後の対策としては、ヒューマンエラーを減らす仕組みを整え、ダブルチェックを徹底していく他ありません。ハードウェアの面については、構造的に弱い部分から損壊してしまったわけですから、その点についても見直す必要があるでしょう。

大切なのは、これを教訓として、次の発展へとつなげていくことです。本章で見たように、日本初のX線天文衛星となるはずのCORSAも打ち上げに失敗してしまいましたが、すぐに「はくちょう」で挽回しました。小田先生が切り開いた日本の科学衛星、とりわけX線天文衛星の領域は、これからも着実に進歩していくものと信じています。世界も日本の「お家芸」の復活を待ちわびているはずです。

第四章 世界を驚かせた日本の技術

——ハレー彗星を探査せよ

地球から空気がなくなる？

ここまでは、日本の宇宙開発が立派に独り立ちするまでを描いてきました。戦後、ゼロからロケット開発を始めた日本は、X線天文衛星をお家芸とするまでに成長し、国際的な宇宙開発や研究にも大きな貢献をするようになりました。人間に例えるなら、もう立派に成人して一人前になった状態といえるでしょう。

一人前となった日本は、国際的に最も華々しい貢献を果たすことになります。それこそが、一九八六年のハレー彗星探査です。このプロジェクトにおいて、日本はただ単に国際協力をしただけでなく、先駆者となることができました。日本が世界に伍する技術力を有することを証明したのが、ハレー彗星探査のプロジェクトなのです。

さて、そもそもハレー彗星とは何でしょうか。

私が小学生のときに見た、ある映画の話から始めることにしましょう。その映画とは、『空気の無くなる日』（一九四九年）という作品で、『空気のなくなる日』（岩倉政治著）という児童小説を映画化したものでした。

物語は、一九一〇年四月二〇日にハレー彗星が地球に近寄ったとき、日本の北陸地方のある小さな村に起きた出来事を描いていきます。脚色はしてありますが、内容は実話に基づいています。

その年、地球にやって来たハレー彗星は、非常に長い尻尾をたなびかせていました（図4－1）。さらに四月二〇日に最接近する際には、その長い尻尾によって地球が包まれるということが予測されていたのです。

今となっては杞憂（きゆう）だったのですが、当時は、ハレー彗星のガスによって地球が包まれ、大気が吹き飛んでしまうという噂を多くの人々が信じていたようです。これは日本だけでなく、世界中で大騒ぎになった。「地球はこれでおしまいだ」と考え、自分が持っている財産を全部使い果たしてしまう人、世の中をはかなんで自殺してしまう人、似たような事例が世界中のあちこちで起きています。

図4-1　1910年に観測されたハレー彗星

映画『空気の無くなる日』では、わかりやすく「ある日の正午」にハレー彗星が最接近すると設定されています。正午になると、大気をすべて吹き飛ばしてしまうという噂が村中に広がり、みんなが対策に追われるという展開です。

　具体的には、ハレー彗星のガスが地球を包む三分間だけ息を止めていれば大丈夫だという話になり、村の学校では生徒に訓練をさせます。洗面器に水を入れて顔をつけ、三分間我慢する、なんてことが大まじめに実行されたのです。

　あるいは、お坊さんを呼んでお経を上げてもらい、「なんとか生き残れますように」と祈る人も出てくる。かと思えば、大きな釜のなかに入ってフタをして、三分間は釜のなかの空気を吸い続けるという人もいる——。そういう滑稽なことが、劇中で展開されていきます。

　そんななか村の金持ちが、自転車のタイヤに空気を入れ、それを吸い続けるというアイデアに飛びつきます。空気目当てに自転車のタイヤが売れるに違いない。そう考えた金持ちは、自転車のタイヤを買い占めて回り、それを高値で売っていく。絵に描いたような阿漕な商人です。

　そうこうしているうちに、その日がやって来ました。もちろん慌てふためく人ばかりではありません。ある農家では、お父さんが大変楽天的な方で、「こうなったら、もうしょうがないよ。潔くみんなで死んでいこう」と言って、悠然とその時間を待ち受けます。

いよいよ正午となり、柱時計がボーン、ボーンと鳴り始めます。ところが、鐘が鳴り終わっても、誰も息苦しくならないし、地球上では特に何も起きない。しばしの静寂のあと、お父さんがいきなりワーッと笑い始めて、「これはいっぱい食わされた」と安堵(あんど)する。そんな話です。

私は何も彼らを笑いたいわけではありません。ハレー彗星というのは、こんな映画が作られるくらいに、人々に大きな影響を与える存在だったのです。

古代から知られた彗星

およそ七六年に一回、地球に近づいては、人類を魅了するハレー彗星ですが、いったいいつ頃から人類に知られ、記録されるようになったのでしょうか。

実は、かなり大昔から人類はハレー彗星の存在を知っていました。最古の記録は、紀元前二四〇年とされています。

当時は、秦の始皇帝が生きていた時代です。『秦始皇本紀』という史料の「始皇帝七年」という条に、「彗星、東方に出で北方に見ゆ。五月、西方に見ゆ」とある。これはハレー彗星の記述とされています。

ただし、当時からハレー彗星は親しむ対象ではなく、恐れる対象だったようです。なにせ普通の星と違い、長い尻尾を出しながら移動していく。不気味な「災厄の星」と見なされても不思議ではありません。ハレー彗星が来ると、世の中に不吉なことが起きると人々は信じてきたわけです。

ハレー彗星を記録した史料はそれだけではありません。次いで古いのは、紀元前一六四年に古代バビロニアの粘土板に書かれた記録です。その後も、世界中でハレー彗星の記録が残されている。日本で最も古いものとしては、六八四年、『日本書紀』のなかに記録があります。

これら世界中の記録を継ぎ合わせていくと、ハレー彗星が近づくたびに人々が書き残していることがわかる。ハレー彗星は「星空のスター」といわれるだけあって、いつの時代も世界中の人々を虜(とりこ)にしていたのです。

なぜハレー彗星には尻尾があるのか?

ハレー彗星という名前になったのは、エドモンド・ハレーという人の名に由来します。彼はハレー彗星が地球を訪れる周期を発見し、予言をしたのです。

ハレーは、一七〇五年にある論文を発表し、直近四回（一四五六年、一五三一年、一六〇七年、一六八二年）に観測された長い尻尾を持つ彗星は、同じ彗星なのではないかという推定をします。そのうえで、一七五八年にこの彗星が必ず地球の上空に現れるという予言を行いました。

当時の人々はハレーの予言を、「そんな馬鹿なことがあるものか」と見なしていました。同じ彗星が何度も現れるとは、にわかに想像できなかったのです。当時の天文学では、それも無理のないことかもしれません。

ところが、一七五八年になると、本当に彗星がやって来ました。このとき、残念ながらハレーはもう亡くなっていましたが、彼が予言を的中させたことを称え、この彗星に「ハレー彗星」という名前が付けられた。ハレーがなくなったのは一七四二年ですから、死後十数年経って、その予言が実証されたことになります。

ひとたび予言が実証されると、ハレー彗星が次にやって来ると予測された一八三五年には、確信を持って人々が待ち構えました。このときには世界中でネットワークが作られ、大々的な観測が行われています。

もっとも、当時はまだロケットも打ち上がっていない時代ですから、人工衛星でハレー彗星を観測することはできません。世界中の望遠鏡を総動員して、みんなで鵜の目鷹の目になってハレー彗星を見たわけです。

一八三五年のハレー彗星観測によって、彗星のスケッチが非常に詳しく描かれるなど、彗星の研究がずいぶんと進んだといわれます。

また、さらに彗星の研究が発展していくなかで、一九五〇年には、フレッド・ホイップルというアメリカの学者が、ある仮説を立てます。

ホイップルは、ある問いを立てました。なぜ、彗星はあのような尻尾を持っているのだろうか。ホイップルは研究を進めた結果、彗星の本体は dirty snowball（汚れた雪玉）であるとの考えを示しました。日本語では、「汚れた雪だるま」と言った方がわかりやすいかもしれません。

「汚れた」ということは、彗星の本体となる氷の塊のなかに、さまざまな塵が含まれているということを意味します。より正確にいうと、彗星の核の部分が何でできているかはわからないが、その周辺は氷の塊になっていて、そのなかには塵がたくさん含まれているという仮説です。

そうした彗星の塵が、太陽からの熱（正確には地場を伴った太陽風）を受けて蒸発した氷とともに一挙に吹き出していると、ホイップルは考えました。だから、彗星は常に太陽とは反対向きに尻尾を出しているというわけです。

ホイップルの「汚れた雪玉説」は、世界中で大論争を巻き起こしました。そんななか、次のハレー彗星が一九八〇年代半ばにやって来るとの予想がなされます。まさに「汚れた雪玉説」を確かめる絶好のチャンスだということで、これまた世界中でハレー彗星探査計画が持ち上がっていきます。

世界に先駆けたプロジェクト

ハレー彗星がやって来るという話をわれわれ日本の宇宙開発関係者が聞いたのは、一九七八年頃のことでした。それまでわれわれが手がけてきた人工衛星と違い、ハレー彗星探査では、地球の重力を脱出してハレー彗星に近寄る必要がある。その意味で、ハレー彗星探査は、新しく困難なチャレンジでした。

ただし、地球の重力を脱出して探査機を飛ばすというプランを考えたのは、このときが初めてではありません。というのも、ロケット開発に参画している人間というのは、とにかくお調子者が多くて、とにかく遠くへ行きたい、冒険をしたいという人が多い。そのため、かねてから火星や金星へ行くという夢を持ち、予算を出してくれる役所へと計画書を提出していました。

ところが役所の反応は冷たい。「火星や金星に行くという計画は、ソ連やアメリカの二番煎じでしょう。二番煎じでやっても、あまり意味はないのではないか」と言うのです。わからないでもないが、ロケット開発者は何が何でも遠くへ行きたい（笑）。しかし、いくら計画書を出しても撥ねられて、予算は獲得できませんでした。

そんな折に出てきたのが、ハレー彗星がやって来るという話でした。これはおあつらえ向きです。火星や金星へ行くプランを立てる際に、地球の重力を脱出する計算などは済ませてありましたから、それをハレー彗星探査に応用し、計画書を提出しました。すると、これが驚くほどあっけなく許可が出たのです。

宇宙大国であるアメリカやソ連、そしてヨーロッパも、まだハレー彗星探査には手を挙げていませんでした。そうした段階での計画だったので、二番煎じではないということでＯＫが出たのです。

日本のハレー彗星探査は、こうしたタイミングにも恵まれてスタートを切りました。地球の重力を脱出して探査機を飛ばすというチャレンジが、いよいよ可能になったのです。

地球外へ行くことの困難さ

このプロジェクトには、私も深く関わっていました。

具体的な計画は二段階にわたります。まずはテスト機としての意味合いも持つ一号機を打ち上げ、そのあとから二号機を飛ばすことにしたのです。一号機には「さきがけ」という名前が付けられました。この「さきがけ」が、事前に環境をしっかりとモニターして、あとに続く二号機「すいせい」につなげるというわけです。

ハレー彗星探査機を飛ばすには、当然、ロケットが必要です。そこには大変な苦悩がありました。とくに今回は、地球の重力を脱して飛ばすエネルギーが必要ですから、ロケットを従来のものよりも大きくする必要がある。そこで、地上燃焼試験という非常に難しい工程を乗り越えなければなりませんでした。

地上燃焼試験は、秋田にできた能代(のしろ)ロケット実験場というところで行われました。といっても、実際にロケットを飛ばすことはせず、仮想的な環境でロケットの性能をチェックする実験です。

具体的には、ロケットの頭を壁にくっつけたまま点火します。すると、ロケットは飛べないので壁を強く押すことになる。その壁が受けた力をロケットの推力として測定し、ロケットの性能を調べるというわけです。

こうした地上燃焼試験を秋田で行う一方で、実際のロケット打ち上げは鹿児島で行いますから、移動だけでも大変です。北と南を行ったり来たりして、関係者は年間で二〇〇日くらい出張していたものです。

みなで合宿生活をしているような状態ですから、当然、家に帰ることもできません。言い換えると、家に帰ることができる時期は全員が同じになる。そのため、関係者の子どもはみんな同じ月に生まれています（笑）。

ロケットだけではありません。探査機の開発についても、従来の人工衛星のような機械とは、まったく違う設計にしなければなりませんでした。具体的にいうと、探査機がロケットを離れて「一人旅」に移ったら、重力や磁場など非常に厳しい環境を単独でくぐり抜けなくてはならない。そうした過酷な状況に耐えられる工夫を探査機には凝らしていきました。

巨大アンテナ建設

また、通信をするためのアンテナも重要です。ハレー彗星探査機と地上が通信するための距離は、人工衛星のそれと比べても非常に長い。必然的に、これまでにない大きなアンテナが求められます。

ところが、ここにジレンマが生じます。探査機に積めるアンテナの重さには、もちろん限界がある。必然的に、限られた大きさのアンテナを搭載することになるため、探査機から出る電波をそれほど強くすることはできません。

では、どうするか。私たちの答えはシンプルなものでした。探査機から出る電波を集めるために、地上で受けるアンテナを大きくしたのです。しかも、都市の雑音などが少なくて、クリアに電波を拾うことができる環境が望ましい。そうした観点からアンテナの設置場所を探したところ、長野県の八ヶ岳山麓にある臼田町（現・佐久市）が最適ということになり、突貫工事でアンテナを建てて観測所が作られました。

建設されたアンテナは、直径が六四メートルにもなる巨大なものです（図4－2）。アンテナ面まではハシゴで登ることができるようになっており、私も実際に登ったことがありますが、アンテナ面は非常に広く、運動会でもできそうな大きさです。私は思わず「一升瓶が何本入るかな」と言ってしまい、まわりの人から笑われたのを覚えています。

アンテナ面よりもさらに高いところに、三本の柱で支えられた副鏡があります。アンテナ面が受けた電波をこの副鏡に集め、受信機へと届ける仕組みになっています。

ところで、副鏡はアンテナ面より高い七〇メートルの高さにありますから、そこまで登るのは本当に怖い。私はアンテナ面から副鏡まで伸びているハシゴを三分の一ぐらいまで行ったところで膝が震え始めて、結局最後まで登ることはできませんでした。不思議なことに、毎日何人もやって来る見学の女性たちは全員最後まで登ることができますが、男性の半分は途中でダメになるのです。男女でどういう差があるのかはわかりませんが、遠い宇宙に行くことを夢見る人間でも、七〇メートルの高さに怯(ひる)んでしまうのでした。

以上のように、ハレー彗星探査プロジェクトにおいては、ロケット、探査機、アンテナという三つの点で大きな仕事が求められました。

図4-2　臼田宇宙空間観測所に建設された巨大アンテナ（提供：Ozawajun）

また、それらを統轄するシステムとして重要なのが、ソフトウェアの開発です。ソフトウェア開発においても、従来の人工衛星プロジェクトとはまったく異質のものが要求されました。とくに大変だったのは、やはり軌道に関わるソフトウェアでした。

アメリカを驚かせた打ち上げ技術

一九八五年一月、いよいよ一号機の「さきがけ」が打ち上げられました(図4−3)。日本にとっては、初めての「地球脱出」です。

打ち上げを率いていたのは、糸川先生の一番弟子、秋葉鐐二郎先生です。秋葉先生は、身体を清めて打ち上げに臨むため、内之浦の海岸で水垢離(みずごり)をしました。それだけ特別な思いを持って、このプロジェクトに臨んでいたわけです。

明暗を分けるのは、ロケットを打ち上げ、探査機が地球を脱出する軌道に乗るまでの七分間です。この七分は、コントロールセンターの人間が神経を擦り減らす、とても厳しい時間帯といえるでしょう。

私もコントロールセンターで軌道監視の仕事に就いていました。第三章でご紹介したX線天文衛星「CORSA」の打ち上げでは、まだプロッターという機械を使っていましたが、この頃になると、コンピュータの画面に軌道が映し出されるようになっています。とはいえ、与えられた仕事の厳しさや現場の緊張感は変わりません。

ところで、「さきがけ」の打ち上げに際しては、アメリカの協力を得ていました。「さきがけ」がずっと飛んでいくと、やがて日本からは見えないところにまで到達してしまいますから、それ以降は地球の反対側にあるアメリカに追跡を引き継いでもらうことにしたのです。

図4-3　ハレー彗星探査機「さきがけ」(提供：JAXA)

実は当初、アメリカの態度はつれないものでした。「こんなロケットで地球を脱出させようなんて無理だ」と言うのです。というのも、「さきがけ」を打ち上げたロケットは、制御が非常に難しい固体燃料のロケットだったためです。日本としてはお金がないから固体燃料で作らざるを得なかったのですが、実際、固体燃料のロケットは制御が非常に難しいことで知られています。

とはいえ、アメリカから呆れられようが、日本としては固体燃料のロケットしかないので、それを打ち上げるしかない。最終的には、内之浦の発射場とアメリカのJPL（ジェット推進研究所）の管制室とがホットラインで結ばれ、「さきがけ」の追跡が行われることとなりました。

打ち上げの段になっても、相変わらずアメリカ側は「固体燃料のロケットだから制御がうまくいかず、相当の誤差が出るだろう。予定の時間から相当ずれるに違いない」という態度でした。ところがいざ打ち上げてみると、「さきがけ」は一秒も誤差を発生させず軌道に乗ったのです。「いったいこれはどうなっているんだ」というアメリカ側の驚きの声を、今でも忘れることができません。

——と、得意げに披露したエピソードですが、実をいうと「さきがけ」の定刻通りの到着は、われわれにも意外な結果でした。というのも、途中までロケットは遅れて進んでいたからです。

打ち上げたロケットは四段式でした。三段目の段階でスピードが予定よりも遅くなっていたので、私はコントロールセンターでそれを監視しながら、「ああ、三段目が遅い。これは困ったなあ」と首をかしげていました。

しかし、四段目が逆に予定よりも速く進んでいったのです。三段目と四段目が補い合って、結果的にちょうどいいスピードになった。結果的に「日本の固体燃料ロケットはすごい」との国際評価を得ることができましたが、実は偶然の産物という側面も多少はあったというのが正直なところなのです。

ともあれ、かくして一号機の「さきがけ」の打ち上げは大成功に終わりました。続いて、一九八五年八月に「すいせい」が打ち上げられました。M－3SⅡ型二号機というロケットを使い、こちらも見事に成功しています。

世界各国の参入

日本が「さきがけ」と「すいせい」を進めていくあいだにも、世界各国が次々にハレー彗星探査に名乗りを上げていました。ヨーロッパ勢は、「欧州宇宙機関（European Space Agency＝ESA）」として参加してきました。また、ロシアやアメリカも、それぞれ単独でハレー彗星探査に手を挙げていました。

意外だったのは、アメリカの参入です。アメリカは宇宙開発予算を他のところで使いすぎてしまったため、ハレー彗星探査には手が回らないと思われていました。ところが、一九七八年に打ち上げていた別の探査機を再利用することで、ハレー彗星探査に参加することになりました。月の重力を使って軌道を変更し、ハレー彗星に向かわせるというとても意欲的なプロジェクトでした。

各国が出揃ったことで、連携を図る機運も高まりました。日本、ヨーロッパ、ソ連、アメリカはハレー彗星探査で協力することになり、「関係機関連絡協議会（Inter Agency Consultative Group＝ＩＡＣＧ）」という機関が設立されます。大仰な名前が付いてはいますが、要するにハレー彗星探査のための国際会議です。このＩＡＣＧでは、五年間で二十数回の会議が開かれました。

私もそれらの会議に出席するために、世界中を旅することになりました。参加各国が持ち回りで会議を開催していくため、文字通り世界を飛び回らねばなりません。移動は大変でしたが、それ以上に得るものは大きかった。特に、外国の宇宙機関にたくさんの友人ができたことは財産です。

綱渡りのプロジェクト

ここで、ヨーロッパのハレー彗星探査機「ジオット」について、簡単にご紹介しておきたいと思います。

この探査機の名は、一四世紀のイタリアの画家ジョット(ジオット)・ディ・ボンドーネに由来します。一三〇五年頃、ジオットはパドヴァという町のスクロヴェーニ礼拝堂でフレスコ画を描きました。その題材は、キリストが生まれたときに「東方の三博士」が訪れたというエピソードです(図4-4)。その際、空に「ベツレヘムの星」が現れたのですが、ジオットはこの星を自分が見た彗星と比定して描いたのではないかと考えられています。そう、一三〇一年にハレー彗星がやって来たのです。

図4-4　ジョット・ディ・ボンドーネ《東方三博士の礼拝》。背後にハレー彗星らしきものが見える

ヨーロッパのハレー彗星探査機「ジオット」は、大胆な計画を持っていました。本体をハレー彗星のぎりぎりまで近づけるというのです。

少し考えるだけで多くの困難が想像できます。ハレー彗星からは多くのガスが噴出されているので、探査機が近づくと塵にぶつかって破壊されかねない。日本を含むヨーロッパ以外の国々は「そんな無茶をしたら壊れるに決まっている」と危惧しましたが、ヨーロッパは「それでもいい、壊れる瞬間まで観測する」との意志を貫きました。

計画を実行するうえで最大の問題となるのは、複雑な軌道を描くハレー彗星にどうやって近づくかということでした。ハレー彗星はガスを不規則に出すので、軌道も細かく変わっていく。その軌道計算は非常に困難で、探査機がハレー彗星に最接近した場合の軌道を計算してみると、その誤差は約三〇〇〇キロメートルとのことでした。

普通に考えれば、三〇〇〇キロメートルもの誤差がある目的物に対して、着実に近づくことなどできません。ＩＡＣＧの面々で頭を突き合わせて相談した結果、日本とアメリカ、ソ連の探査機がなるべくハレー彗星に近づいて、そこで観測した最新のハレー彗星の軌道を「ジオット」に送ってあげることにしました。

最新の軌道情報を受け取った「ジオット」は、それらを基に自身の軌道修正を行い、ハレー彗星に近づくというわけです。非常に危なっかしいリレーではありますが、各国が協力して綿密な筋書きが作られました。

連携プレーでの大成功

そうこうしているうちに、いよいよ一九八六年三月、ハレー彗星が接近してきました。これまで打ち上げられた探査機は、日本が二機、ソ連が二機、ヨーロッパが一機、アメリカが一機です。合わせて六機の探査機が連携しながら、ハレー彗星探査を開始していきました。

日本の「さきがけ」はハレー彗星の軌道などの環境を調査し、「すいせい」はハレー彗星の表面から出るさまざまなガスの観測を詳しく行いました。これらの観測からは多くのことがわかってきました。たとえば、ハレー彗星の構造的に弱い部分が太陽に向くと、そこからガスが大量に噴出されることを観測しています。先行していた日本は、後続のソ連やヨーロッパに対して、そうした情報も提供していきました。

ソ連の探査機は、ハレー彗星から出るプラズマの観測などを行いました。私もモスクワの管制室に入らせてもらい、リアルタイムで観測の様子を見ていました。ソ連は従来よりプラズマ観測を非常に得意としており、ハレー彗星の中心から出るプラズマの濃度など、さまざまなデータを取ることに成功しています。

ハイライトは、ヨーロッパの「ジオット」でした。各国の連係プレーが見事に成功し、

「ジオット」がハレー彗星の中心へと近づいていったのです。最終的にはハレー彗星まで五〇〇キロメートルという至近距離まで接近しています。そのときの速度は秒速六五キロメートルにもなりましたが、それだけの高速で移動しながらも、しっかりとハレー彗星を撮影することに成功しました。

かくして、IACGによるハレー彗星探査は多くの成果を上げました。集められたデータを解析していくと、先達たちのさまざまな予言が正しいこともわかりました。ホイップルの「汚れた雪玉説」も科学的に裏付けられたのです。

ローマ法王への謁見

ハレー彗星探査プロジェクトは、日本の宇宙開発史に大きな足跡を残しました。初めて地球外へ脱出しただけでなく、国際的に大きな貢献を果たしたからです。

ハレー彗星探査が終わった直後には、ジオットがフレスコ画を描いた地であるパドヴァにて、改めてIACGの会議が開かれました。すると、ローマ法王からメッセージが届きました。

ローマ法王は「これほど大きな科学計画が、国際的な連携で大成功した例は聞いたことがない」と、ハレー彗星探査の国際協力を賞賛したうえで、「帰りに少しだけ寄って、いろいろと話を聞かせてほしい」とわれわれを招待しました。こんな機会は滅多にありませんから、われわれも「行こう行こう」と大いに盛り上がり、みんなで押しかけていくことにしました。

ローマ法王が住むのは、バチカン市国のバチカン宮殿です。バチカン宮殿には有名なシスティーナ礼拝堂があり、その隣の部屋がローマ法王との会見室になっています。私たちもそこで法王に謁見しました。

印象的だったのは、ローマ法王の話す英語が大変きれいな英語だったことです。当時のローマ法王であるパウロ二世はポーランド出身ですが、ものすごくきれいなイギリス英語を話していました。

帰り際には、一人ひとりがローマ法王と握手をして別れます。ヨーロッパの人たちは大変な興奮状態で、特にカソリック教徒は手が震えて、握手ができないような人もいました。一方、われわれ日本人は比較的冷静で、私もあまり興奮しないで握手をさせてもらいました。握った瞬間に「やわらかい手だな、この人は肉体労働をあまりしていないな」と失礼なことを想像したのを覚えています。

私が法王と握手した瞬間に撮られた写真も手元に残っています（図4−5）。それを見ると、私は笑顔で白い歯を見せています。

図4-5　ローマ法王パウロ二世に謁見する著者

実はその様子を小田先生がジッと見ていて、宿に帰ってから「的川くん、ああいう人と握手するときは、相手よりも笑いすぎちゃダメだよ」と怒られてしまいました。

ちなみにこの話にはオチがあり、その写真はもらったものではなく、一〇ドル払って買わされたのでした（笑）。

二〇六一年のハレー彗星探査は？

ここまで見てきたように、一九八六年のハレー彗星探査は、史上稀に見る国際協力の場となるとともに、日本の技術力が世界に伍することを証明した場となりました。もちろん当時の日本はすでに経済大国となっていましたが、科学技術の分野でも世界トップレベルにあることを示した意義は大きかったと思います。

また、当時はまだ東西冷戦も続いていました。そんななかで、アメリカやソ連を含む各国が協力し、一つのプロジェクトを成功に導いたことは特筆に値するでしょう。ハレー彗星探査というプロジェクトが結び目となり、その後の国際宇宙ステーションに至る協力の道が開けたといってもいいのではないでしょうか。

最後には、ローマ法王に謁見できるというオマケまで付いたわけですから、本当にいいことずくめのプロジェクトでした。日本の宇宙開発史にとっても重要な物語です。

二〇一七年現在、ハレー彗星は地球から遥か離れた遠くに旅をしています。もうじき海王星の向こうの、太陽から最も遠い点（遠日点）に到達します。そして二〇六一年には再びやって来ると予想されています。人類はハレー彗星のすべてがわかっているわけではありませんから、必ず新たな宇宙プロジェクトが立ち上がることでしょう。

二〇六一年、私たち人類は、そして日本人は、どのような技術でハレー彗星を迎えることになるのでしょうか。それを担うのは、現在の小学生くらいの世代ですね。遠い先のようにも感じられますが、あれこれ想像をめぐらすだけでも楽しいものです。

第五章　史上最大のドラマ——小惑星探査機「はやぶさ」の真実

「はやぶさ」計画のきっかけ

二〇一〇年六月一三日、日本の小惑星探査機「はやぶさ」が、世界で初めて小惑星のサンプルを地球に持ち帰りました（図5－1）。日本の宇宙開発の高い技術力を改めて世界に知らしめた出来事であり、日本国内では空前の「はやぶさ」ブームが巻き起こりました。

本章では、この「はやぶさ」の物語をお話しするとともに、日本の宇宙開発史における意味合いも考えたいと思います。

そもそも「はやぶさ」計画の発端は、一九八五年までさかのぼります。それは、第四章でご紹介したハレー彗星探査機の打ち上げに取り組んでいる真最中のことでした。若い連中が集まって、内之浦でワイワイと話していると、次のような展開になったのです。

理学部出身の人たちが、太陽系の起源について話をしていると、工学部出身の連中が「太陽系の始まりの研究なんかして、何が面白いんだ？　いったい何の得があるのか？」と冷やかしてきました。当然、理学部出身の人たちはムッとして、「えっ、なんで太陽系の始まりに興味ないの？」と言い返す。研究者というのは、それぞれ自分のテーマが一番だと思っていますから、酒が入るとこういう言い合いになるわけです（笑）。

さらに言い合いは続き、工学部出身の誰かが「太陽系ができたのは四五億年前とか四六億年前だろう。その頃にあった物質なんて、今は何も残っていないのではないか。それをどうやって研究するんだ?」と言いました。この質問はなかなか鋭い。

それに対して、理学部出身の人はこう話をつなぎました。

「確かに、地球とか火星のような物体は、重力が大きいから内部で熱が発生して、四五億年前の物質はすっかり変質してしまっている。だから、中心まで掘っても四五億年前のものは何もない」

工学部の連中は「ほら、やっぱりないんじゃないか」と得意気です。しかし理学部出身の研究者は、

「ところが火星と木星のあいだには、小惑星という部類の星が無数にある。小惑星は重力が小さいから、四五億年前の物質が取り込まれたまま、まったく変質しないで今に至っているケースが考えられる」

図5-1　小惑星探査機「はやぶさ」のイメージ図（イラスト：池下章裕）

と返します。もちろん、小惑星の物質を採取できればいいのですが、当時の日本は探査機を初めて地球外に飛ばそうという時期です。負けじと反論をしていた理学部出身の研究者も、「日本の技術ではとても無理だ」と言い捨てたのでした。

これに怒ったのが、ロケット開発をしていた工学部出身の連中です。「アメリカやソ連でさえ手を付けていない分野だからといって、なぜ日本にはできないと最初から決めつけるのか」「他国にできないことを日本がやってみせたらおかしいのか」。悔しくてたまらない工学部出身の研究者は「じゃあ俺たちが計画を作ってやる」と言ってのけました。

嘘のような話ですが、ここから「はやぶさ」へとつながる計画が始まりました。

世界初の試みだった小惑星探査

第四章で述べたように、その後、日本はハレー彗星探査を成功させました。アメリカやソ連が始めていない計画であっても、日本が最初に手を挙げ、実現することは可能だと証明したのです。ただし、ハレー彗星探査は日本、アメリカ、ソ連、ヨーロッパによる国際協力計画であり、日本が完全に単独で、未知の計画を遂行したわけではありません。

さて、一九八五年に小惑星探査計画のアイデアが飛び出てから、練り上げられるまでには一〇年の歳月を要しました。その途中では、アメリカと協力するという話が出たりもしましたが、結局は日本独自の計画として、一九九五年に計画が提出されます。

提出された計画書を見て、審査する審議会の先生方はせせら笑いました。案の定、彼らは「ロシア（ソ連は崩壊しています）やアメリカはやったことがあるのか」と質問を投げかけてくる。

審査される私たちの側もさすがにムッとしたものです。思わず「ロシアやアメリカがやったことがあるかどうかが関係あるんですか」と質問し返しました。すると、「いや、とくに関係はありませんけど」と、相手も驚いた顔をしていました。続けてこちらが「ロシアやアメリカは一切やっておりません。だから日本だけの計画です」と言うと、一瞬、場が静まり返ったのを覚えています。

ちなみに、以前に火星に行く計画を提出したときには、「ソ連やアメリカの二番煎じでしょう。二番煎じでやっても、あまり意味がないのではないか」と否定されています。前例がなければダメだと言ったり、二番煎じでは意味がないと言ったり、どうも矛盾しているような気がしますが、宇宙開発計画を通し、少なくない予算を獲得するためには、そういう意地悪な「面接」も乗り越えていかなければなりません。

さて、小惑星探査計画の「面接」において、私たちは計画を実現するためにクリアすべき課題について説明しました。たとえば技術要素としては、およそ八つの「世界初」を達成しなければなりませんでした。すべてをクリアするのは困難だが、やれるところまでやりたい。私がそう訴えると、話を聞く人のなかには意気に感じる人も出てきました。

ある人は「バブル崩壊で日本中が自信を失いつつあるときに、こういう無謀な計画を立てる若い人がいるのは結構なことだ」と言ったものです。褒めたのかけなしたのかいま一つはっきりしないけれど(笑)、弁護していただいたことには今でも大いに感謝しています。

町工場あってこそのプロジェクト

こうして、いろいろと意地悪な「面接」もくぐり抜けながら、小惑星探査計画はどうにか認められました。ところが、その予算は本当にぎりぎりで、はたしてこれで実現できるのかと心配になるような額でした。

結果的に、「はやぶさ」は一機一三〇億円でできあがっています。一三〇億円は確かに高額ではありますが、他国に比べれば破格の安さでしょう。「はやぶさ」の値段を知ったアメリカ人研究者は、「アメリカで作ったら五〇〇〇億円はかかるぞ」と驚いていました。ヨーロッパの人たちも、「四五〇〇億円はする」と言っていましたから、いかに一三〇億円が安価であるかがわかるでしょう。

なぜ日本は、欧米の三分の一近い破格の値段で、「はやぶさ」を作ることができたのでしょうか。実は、そこには日本が誇る町工場の存在がありました。

仮に日本でも五〇〇億円の予算が付けば、大企業のメーカーに発注をしていたことでしょう。そのメーカーは下請けや孫請けを含むネットワークを駆使し、「はやぶさ」を作り上げてくれたはずです。

しかし、現実には予算がなく、そんな贅沢なことはできません。そこで、コンポーネントごとに担当者を決め、自分たちの実験室で最大限できるところまでやり、それ以降は町工場に直接お願いすることになりました。あいだに大きなメーカーなどを挟まないことで、極力、予算を節約しようとしたのです。

これは「はやぶさ」に限らない話ですが、町工場の人たちと接していると、いつも驚かされることばかりです。たとえば、「この部品を作ってくれないか」と近所の町工場に持っていくと、設計案と公差（製作誤差）を見せただけで、瞬間的にできるかどうかを判断してしまうのです。さらに、「うちではできない」と断られたときでも、「墨田区のあいつならできるかもしれない」とか「熊本のあそこなら大丈夫」などといったように、独自のネットワークで町工場を紹介してくれる。町工場に日本の底力を感じるケースは多々ありました。

部品の作製をお願いした町工場のなかには、三人しか職人さんがいないようなところもありました。そうした小さな町工場でも、こちらが依頼すると「これは何に使うの？」と詮索することもなく、黙々と最高の部品を作ってくれるのです。

日本にあふれる「匠の心」

町工場の人たちとおつきあいをして感じるのは、彼らの信条は「極めたい」「挑みたい」ということではなく、「作りたい」という一心なのではないかということです。われわれのような科学者は、とにかく「極めたい」「挑みたい」という好奇心が先走りますが、町工場の職人さんたちは、太陽系の始まりとかそういったことにはあまり興味がありません。ひたすら「難しいものを作る」ということに専念しています。

そういう意味で、町工場の人たちとの出会いはカルチャーショックでもありました。と同時に、いくら好奇心や冒険心があっても、それを実現するのは結局のところ「匠」だということを、嫌というほど思い知らされたものです。どんなに壮大な計画を描き、立派なことを言っても、職人さんに部品を作ってもらえなければ、ロケットはまったく宇宙に飛び立つことができません。

第一章で述べたように、私たち人間が宇宙に惹かれる根本的な理由は、大きく三つに分けられると考えています。つまり、好奇心、冒険心、匠の心です。

われわれ研究者の感覚からいうと、もちろんいろんな実験はやりますが、最終的に動くものを作ることはやはり難しい。ところが、そうしたモノ作りを町工場の人たちは、匠の心が本当に強く、できそうにないことも実現してしまうのです。町工場の人たちの技術はすごい。もっといえば、日本の技術はすごい。心からそう感じています。

「はやぶさ」は、おもに大小合わせて数十個にコンポーネントが分かれています。部品の数は数十万個。それらの部品は、一五〇社を超える町工場、中小企業のみなさんが全部作ってくれました。北は北海道から南は九州までに協力してもらい、お手頃なのに高品質な部品を作り上げてくれました。

そうして完成した部品は、最終的には探査機として組み立て、テストをしていくことになります。さすがにこの段になると、大企業メーカーの力を借りることになりますが、「はやぶさ」の成功は、町工場の力あってこそのものです。そのことはしつこいくらい繰り返しておきたいと思います。

飲み屋での依頼

町工場との関係については、こんな変わった出会いもありました。ターゲットマーカーと呼ばれる部品を作ったときのことです（図5－2）。

「はやぶさ」が小惑星に降り立つ際には、どこに着地するのかという一応の目印を置く必要があります。とくに、小惑星の表面に凹凸がない場合には、雪のなかで目がくらむのと同じように、どこに降りていいかわからなくなってしまう。そこで、ターゲットマーカーという、ソフトボール大の目印を着地の直前に落とすことになりました。

しかし、地球と違って小惑星にはほとんど重力がありません。地球の場合であれば、ソフトボール大のものを落としても、ちょっと弾むだけですぐに着地しますが、小惑星に落とした場合は、弾んだ勢いがちょっとでも大きいと、そのまま宇宙へと脱出してしまいます。

試しに計算してみると、ソフトボール大のものが小惑星から宇宙へと脱出してしまう速度は、秒速十数センチメートルほど。これでは赤ちゃんが投げても脱出します。そんなわずかな速度でも宇宙へと脱出してしまうのですから、ターゲットマーカーは非常に弾みにくいものにしなければなりません。

当時、ターゲットマーカーの担当者は三〇代の若い人だったのですが、彼はどのようにすれば弾みにくくなるのか、しばらく悩んでいました。ある日、東京の錦糸町あたりの町工場に行って、そのことについて仲間と相談していました。いくら議論しても埒（らち）が明かないので、気分を変えて飲み屋に入り、そこでまた飲みながら議論をしていたそうです。

するとと、近くで飲んでいた知らないおじさんが、「お兄さんたち面白そうな話をしているね」と議論に交じってきた。そして「お手玉がいいんじゃないか」なんてことを言い始めるのです。それを見ていた店の主人も、「お手玉ならあるよ」と言って、奥から持っ

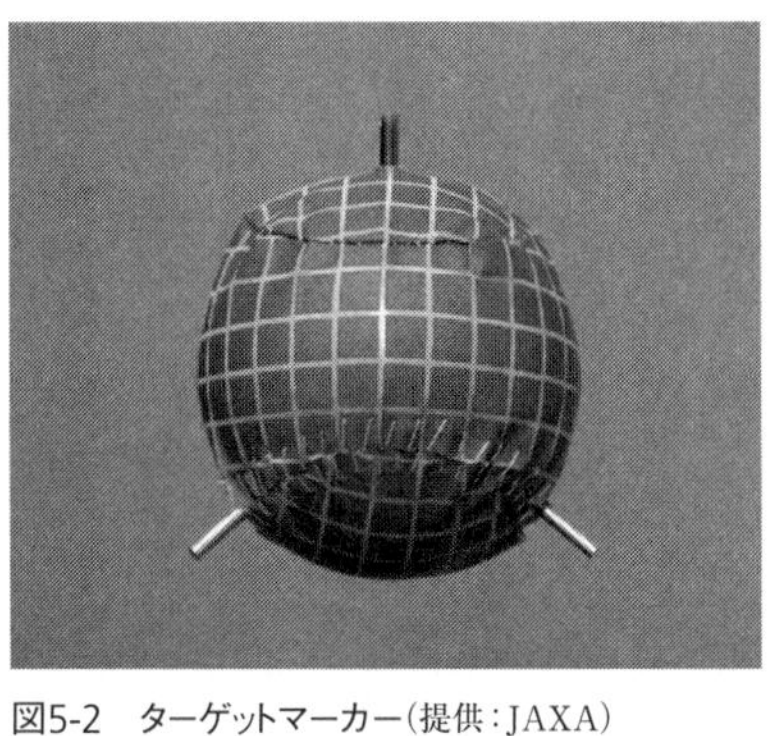
図5-2　ターゲットマーカー（提供：JAXA）

てきてくれた。当然ですが、お手玉を上から落としてもまったく弾みません。お手玉の詰め物が、弾むエネルギーを吸収してしまうからです。

このときの議論は、ターゲットマーカーの構造を改良するうえで、大きなヒントとなりました。翌日になって、研究所に出勤したターゲットマーカーの担当者は、飲み屋で交わした議論について考えをめぐらせました。あのときヒントをくれたおじさんは誰だったのか、気になって飲み屋に電話して聞いてみたところ、実は近所で町工場を経営する社長さんだった（笑）。

嘘のようで本当の話です。担当者は、改めてその社長を訪ね、ターゲットマーカーを作ってもらうことになりました。

若い研究者たちの議論

ターゲットマーカーを目安にして、無事に探査機が小惑星に着地したら、続いて小惑星のカケラを拾わなければなりません。

カケラを拾う方法については、二〇代から三〇代の若い人たちの委員会に議論を任せることにしました。もっとも、最初のうちは若い人たちだけだと心配ですから、私の友人である水谷仁先生が議論をリードしました。のちに『ニュートン』という科学雑誌の編集長を務めることになる人物です。

アイデアを議論する会議は常に刺激的です。水谷先生が「どうやってカケラを拾えばいいと思うか」と聞くと、若い人からは「UFOキャッチャーのように拾えばいい」という意見が出てきました。ところが、水谷先生はUFOキャッチャーの存在を知らなかったので、若い研究者たちに呆れられる始末(笑)。結局、彼は「若い連中の議論には付いていけない」と言って、早々に退いてしまったのでした。

その後は、本当に若い人たちが中心になって、議論が進んでいきました。UFOキャッチャー案は、実際に作ろうとすると非常に重くなることがわかり、断念しました。両側からスコップですくい取る方法は、確かに確実ではあるが、あまり重いものを探査機に載せるわけにはいかない。ある程度軽い仕組みのものが要求されることになります。

すると、ある男子大学院生が「電気掃除機のようにやればいい」と言い出しました。掃除機のようにホースを探査機から伸ばして、そこからカケラを吸い込むというわけです。

そのアイデアを聞いて、みんなが考え込んでいたら、隣にいた女子学生が「あんた、バ

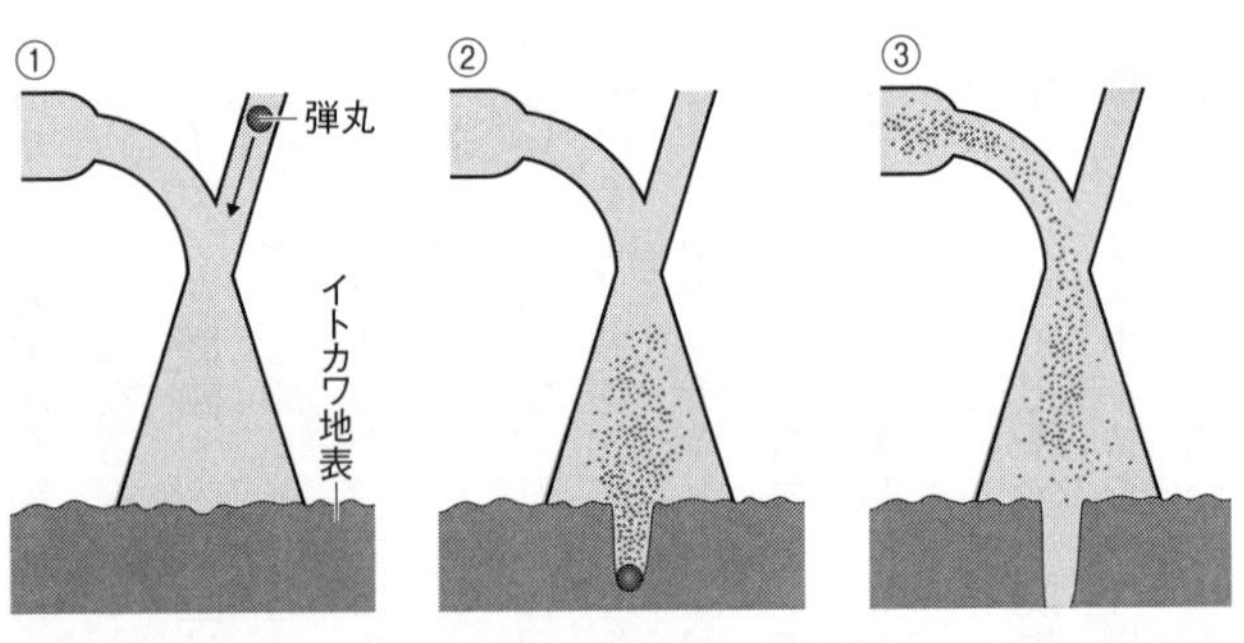

図5-3 「はやぶさ」によるイトカワ表面の物質採取の仕組み（JAXA資料をもとに作成）

カじゃないの？」と反論しました。

「電気掃除機というのは、外に大気があって、なかを真空にするからものを吸い込むことができる仕組みでしょう。小惑星の表面は真空なのに、どうやって吸い込むというの？」

ほかにも、シャベルですくう、ドリルで掘る、刷毛でかき集める、溶かしてしまう――ありとあらゆるアイデアが出ましたが、最終的に採用されたのは、最も軽く、最も確実を見込まれる案でした。

それが、「サンプラーホーン」という装置を使ってサンプルを集める方法です（図5-3）。漏斗を逆さまにしたような形をしているサンプラーホーンを、探査機が着地したあとに接地させ、地面におおいかぶさるようにします。

サンプラーホーンが接地した瞬間に、なかから地表に向かって弾丸を発射します。すると、弾丸によって砕かれた地表のカケラが、必ずなかに舞い上がってくる。それを集めてカプセルに収納し、地球に持ち帰るというわけです。非常にシンプルでよいアイデアでしょう。

この案に物言いをつけたのが、先の男子学生でした。「舞い上がったカケラが落ちてしまったらサンプラーホーンには収納されませんよね」と発言したのです。しかし、女子学生が「小惑星にはほとんど重力がないのだから、カケラは一度舞い上がったらどこまでも上に行くでしょう。だから確実に収納されるよ」と言うと、さすがの男子学生も降参したようでうなだれていたものです（笑）。

「はやぶさ」命名の秘話

ここで、「はやぶさ」の命名の経緯についてもお話ししておくことにしましょう。

小惑星探査機の名前については、身内の投票によって決めることにしていました。最初に投票を行ったところ、「アトム」という名前が圧倒的多数の結果となりました。

みんなが「アトム」という名前を好んだのには理由があります。小惑星探査機は、目標となる小惑星が遠いところにあるため、コンピュータが自律的に判断し、宇宙を航行していくことになります。いわゆる「自律航法」です。そうしたこともあって、「これはもうロボットだ。日本のロボットといえば鉄腕アトムだね」ということになり、「アトム」という名前が支持されたのです。

また、小惑星探査機の打ち上げは二〇〇三年に予定されていましたが、その年は鉄腕アトムが漫画のなかで誕生した年でもありました。そういう偶然もあっていっそう支持を集め、投票の結果、「アトム」が六五%という非常に高い得票率を得たのです。

私は名前を付ける委員会の座長をやっていましたので、圧倒的多数の支持も得ていることだし、「アトムで決まりだろう」と気楽に考えていました。それともう一つ、あの一九八一年に「ひのとり」という衛星を打ち上げたときに、手塚治虫さんが冗談で言った言葉を思い出してほくそ笑んでいたのです。

ところが、委員会のメンバーから反対論が出ます。アトム（atom）というと、原子爆弾をイメージさせないかというのです。さらに、なぜ小惑星探査機の名前が原子なのか、海外から変な疑問を持たれかねないので、むしろ「これは日本語に違いない」という名前にした方がいいという意見も出てきました。

そこで、参考までに投票結果の第二位に着目しました。それが「はやぶさ」という名前だったのです。

ハヤブサは大変目がいい鳥です。遠くから獲物を見つけ、さっと舞い降りて獲物を仕留めると、すぐに舞い上がって巣に戻ってくる。そうしたハヤブサの行動が、小惑星探査機のミッションにそっくりだというのが、名前の由来でした。まさに言い得て妙で、委員会としても「はやぶさ」に決定することにしました。

ところが、実はこれには後日談があります。「はやぶさ」という名前を言い出し、委員会でそれを通した「首謀者」の存在が明らかになったのです。

その「首謀者」とは、上杉邦憲先生と川口淳一郎くんです。とくに川口くんは、この小惑星探査計画のプロジェクトマネージャーという立場にありました。ちなみに、上杉先生は米沢藩上杉家の第一七代当主で、初代藩主は戦国武将の上杉景勝という名家の生まれです。

二人は「はやぶさ」の名前がいいと考え、投票に先立って候補として提案しました。ところが、投票の結果、「アトム」が第一位となってしまった。そこで、命名委員会のメンバーでもあった二人は、自分たちがもともとの提案者だとはひとことも言わずに、「はやぶさ」という名前になるよう議論をリードしたそうです。

そうした事実を知らされたのは、「はやぶさ」という名前を記者発表したあとでした。完全に後の祭りということでした。まあでもいい名前でしたね(負け惜しみ)。

小惑星「イトカワ」

命名ということでいえば、「はやぶさ」が探査対象とした小惑星の「イトカワ」についても、こんなエピソードがあります。

そもそも「イトカワ」という名前が付けられる前、この小惑星には「1998SF36」というコードネームが与えられていただけでした。この「1998SF36」を発見したのは日本人ではなく、アメリカのマサチューセッツ工科大学(MIT)のグループです。

小惑星については、発見者に命名権があると決められています。具体的には、発見者が「こういう名前にしたい」と提案し、それが国際天文学連合で承認されるという流れになっています。したがって、「1998SF36」の命名権を持っているのは、あくまでもMITのグループだったのです。

われわれとしては、「1998SF36」を「はやぶさ」のターゲットにしたので、できれば愛称となるような名前を付けたい。そこで、MITのグループに連絡を取り、「日本の探査機のターゲットにしたので、名前を付けさせてもらえないだろうか」とお願いしたのです。幸いにも承諾を得ることができたので、「イトカワ」と名付けました。もちろん、第二章で紹介した糸川英夫先生にちなんだ名前です。

これは笑い話ですが、小惑星の名前として「イトカワ」が候補に挙がったときに、私は「糸川先生とあの世で会ったときに、『僕の名前をずいぶんと小さな星に付けてくれたんだね』と言われないかな」と冗談を言いました。すると、その場にいた全員が本当に不安そうな顔をしたことをよく覚えています（笑）。

それにしても、「はやぶさ」で「イトカワ」へ向かうというのは、因縁深い組み合わせとしか言いようがありません。すでに述べたように、糸川先生は戦争中に「隼」という戦闘機の翼を設計していたからです。その「はやぶさ」が「イトカワ」に向かうことになったのは、まったくの偶然にすぎませんが、なにか運命的な符合を感じさせます。

「はやぶさ」の打ち上げ

二〇〇三年五月九日、いよいよ「はやぶさ」が打ち上げられることになりました。第四章で取り上げたハレー彗星探査機の打ち上げに使われたのはＭ‐３ＳⅡ型というロケットでしたが、「はやぶさ」はそれをさらに発展させたM‐V型ロケットの五号機によって打ち上げられています。

「はやぶさ」と出会う頃、「イトカワ」は、太陽を挟んでちょうど地球の正反対にあります。地球から太陽までが一億五〇〇〇万キロメートルですから、地球から「イトカワ」までは直線距離にして三億キロメートル離れている計算になります。それだけの長い長い旅路でしたが、自律航法もうまく機能し、「イトカワ」の近くまでは比較的順調に飛ぶことができました。

二〇〇五年の秋口に「はやぶさ」は「イトカワ」の近くに到達しました。それまでに発生した大きなトラブルは、姿勢制御に使うリアクションホイールと呼ばれる部品が、三つのうち一つ故障したことくらいでした。リアクションホイールが一つくらい故障することは想定済みでしたので、さほど大きな問題ではありません。実際、残る二つのリアクションホイールとガスジェットを使いながら、うまく対処することができました。

「はやぶさ」は無事に「イトカワ」へ最接近し、そこから地表へと降りていくことになります。ただし、単純に降りていくといっても、これがなかなか難しいのです。というのも、「イトカワ」には地球の約一〇万分の一の重力しかないので、「はやぶさ」をほとんど引っ張ってくれません。そこで、太陽から降り注ぐ光の圧力（輻射圧）を使いながら、非常にゆっくりと地表へと降りていくことになりました。

また、着陸には別の困難も伴います。「はやぶさ」が地表へと降りている真最中に問題が発生した場合、地球から指示を出してもとても間に合わないのです。光の速さで片道一六分から一七分かかる距離ですから、指示が届いた頃には手遅れになっている可能性が高いといえそうです。

したがって、いざ着陸段階に入ってしまうと、われわれとしては何もすることがなくなってしまうのです。あとは、「はやぶさ」が無事に地表に降り立つことを祈るしかない。言い換えれば、着陸段階でトラブルが起きてしまうと、それは「最悪の事態」を意味するのです。

予期せぬ失敗

皮肉にも、その「最悪の事態」は現実のものとなってしまいました。「はやぶさ」が「イトカワ」に着地しようと準備を始めたところで、残っていた二つのリアクションホイールのうち、さらに一つが故障してしまったのです。

オペレーターは心底びっくりして、担当者に「一つくらいしか故障しないと言っていたではないか」と迫りました。ところが、問い詰められた担当者は、「三つとも同じ構造をしているのだから、一つが故障したら他が壊れない保証はない」と開き直ってしまう。火に油を注いだかのような大げんかになったことを記憶しています（笑）。

いずれにせよ、リアクションホイールに新たに不具合が発生したため、当初の予定通りに着地することはできなくなってしまいました。ガスジェットでそれを補うため、オペレーターの猛訓練をしようということになりました。

困ったのは、スケジュールが大きく狂ってしまうことです。「はやぶさ」が「イトカワ」に到達したのは一〇月二日でしたが、一二月の初めには向こうを出ないと地球に戻ってくることができない計算です。それを過ぎると、軌道の関係があって、帰りを三年間延ばさなければならない。

もし三年間スケジュールを延ばすとなれば、「はやぶさ」の部品の寿命が尽きて、すべてがダメになってしまいます。そのため、スケジュールが狂うということは、プロジェクトそのものの失敗を意味します。

プロジェクトマネージャーの川口くんは、このとき非常に悩んでいましたが、最終的には一二月初めまでの二か月間のスケジュールに、着地のための訓練期間を二〇日程度入れることを決定しました。そうすると、必然的に他の予定が削られてしまいますが、それでも残った時間で最低限のことをやろうという苦渋の決断です。

オペレーターの訓練が始まると、最初のうちは見ている側が心配になるような手つきでした。訓練期間の終わりが近づくにつれ、次第にスムーズにできるようになったものの、まだ完璧ではありません。

雑誌『サイエンス』を独占

そうした訓練を行う一方で、「はやぶさ」は別の任務を進めていました。着陸できないとはいえ、「はやぶさ」はすでに「イトカワ」の上空にいますから、そこからすべての表面を観測すべく写真を撮っていたのです。それらの写真は、ミリメートルオーダーという驚くべき精度のものでした(図5−4)。

これだけでも歴史的な成果です。地質学の専門家が言うには、このとき撮られた「イトカワ」地表の写真は、約四六億年前に地球がどのような物質でできたかを語るものとのことでした。

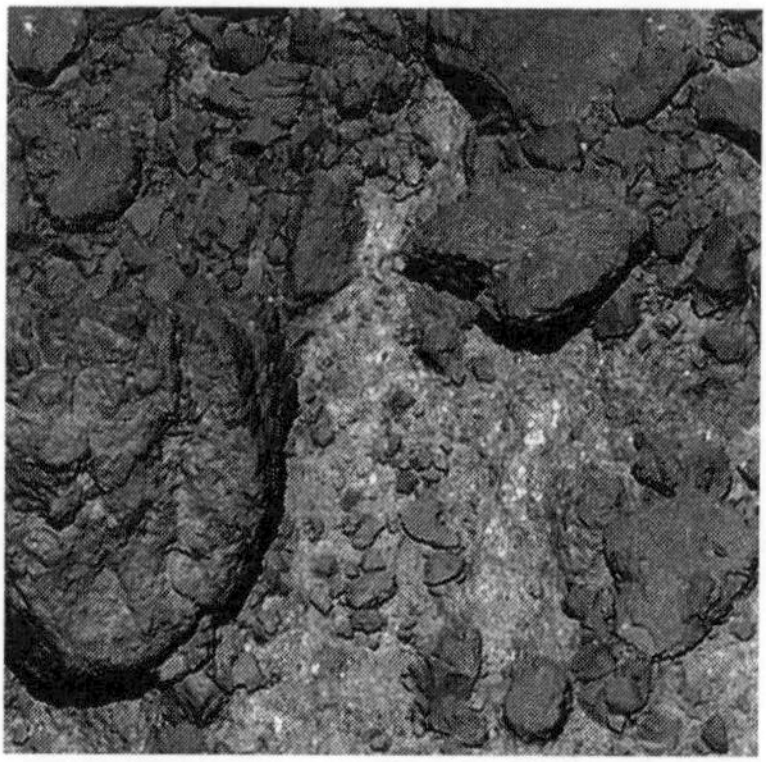

図5-4　「はやぶさ」が捉えたイトカワの近接画像
（提供：JAXA）

のちに、アメリカの『サイエンス』という権威ある科学雑誌でも、これらの写真を中心にした「イトカワ」の特集号が発行されました。同誌の編集長からは、「わが光栄ある『サイエンス』誌を、『はやぶさ』のミッションだけで一冊独占していただいてありがとうございます」という、皮肉っぽいメッセージが届いたものです（笑）。しかし、それは「はやぶさ」の撮った写真が無視できない科学的成果だったことの裏返しですから、われわれとしても非常に鼻高々でした。

このように素晴らしい写真を撮影することができたため、「イトカワ」の表面を撮影するチームは、活気に満ちあふれていました。一方で、「はやぶさ」の着地に向けて訓練を行っているチームは、ものすごく暗い雰囲気です。

プロジェクトマネージャーの川口くんは、すべての任務に目を配らなければなりませんから、「イトカワ」の撮影チームと「はやぶさ」の着地チームとを行ったり来たりすることになります。一方では一緒になって喜び、もう一方では叱咤激励する。まるで二重人格のような状況を続けていました。

さて、オペレーターの訓練はまだ完璧ではありませんが、訓練期間の終わりが迫ってきました。これ以上訓練している時間はないので、しかたなく見切り発車で着地に臨むことになりました。

着地が失敗したワケ

一一月一九日の夜遅く、運命を分ける「はやぶさ」の降下が開始されました。

先ほどもお話ししたように、基本的には「はやぶさ」が自動で着地していきますので、人間はあくまでもその補助をするのみです。ある段階からは自動制御となり、われわれには「現在、地表から何メートルの高さにいる」という情報しか届きません。

三〇メートル、二〇メートル……と、「はやぶさ」は降下していきます。いよいよ高度一〇メートルを過ぎ、七メートルを確認したところで、やや間が空きました。すると、直後にゼロメートルの表示になり、「ああ、無事に地表に着いたのだな」と安堵したのもつかの間、なんとマイナス一メートルとの情報が入ってきました。続いて、マイナス二メートル、マイナス三メートル……と、マイナスの値が大きくなっていくのです。

コントロールセンターは騒然とします。「地面にめり込んでいるのか」という声も上がりましたが、もちろんそんなわけがありません。太陽からの輻射圧でゆっくりと降下している「はやぶさ」に、地面を貫くような力はないからです。

しかし、結局何が起きたのかはわかりません。じりじりと時間が過ぎていきます。小惑星の表面は、おそらく摂氏一〇〇度を超えています。これでは部品が駄目になる。最終的には、プロジェクトマネージャーの川口くんが意を決して、強制的にガスジェットを噴射させました。これにより、「はやぶさ」はいったん「イトカワ」から遠ざかります。そのあいだにデータを解析して、状況をつかもうとしたわけです。

それから猛然とデータの解析を進めると、高度がマイナスになった原因が見えてきました。「はやぶさ」は確かに着地していたのですが、その際にバウンドしてしまったのです。しかも一回ではなく、二回、三回とバウンドしていた。これはまったく予想していない事態でした。

もちろん、小さな天体は重力が小さいので、理屈としてバウンドしやすいことはわかります。しかし「はやぶさ」は、そもそもバウンドする間もなく行動する予定でした。地表まで降下して、着地したその瞬間にサンプラーホーンから弾丸を発射し、一秒も経たないうちに舞い上がるようになっていたのです。

では、どうして着地した瞬間に、弾丸を発射することもなくバウンドしてしまったのでしょうか。その原因は、「はやぶさ」の太陽電池の下に取り付けられた、障害物を検知するセンサーにありました。

このセンサーは、「はやぶさ」が降下した先に大きな岩があった際などに反応することになっていました。そのまま着地すると危険な障害物を検知した場合は、降下や弾丸発射などの動きを止めて、とにかく舞い上がれという命令が出されます。

着地した「はやぶさ」がバウンドしてしまったときも、このセンサーが異常物を検知していたことがわかりました。ただし、センサーが反応したときにはすでに惰性がついており、降下を止めることが間に合わなかった。その結果、「はやぶさ」は地面にぶつかり、バウンドしてしまったというわけです。

私が驚いたのは、その後に行われた記者会見です。責任者という立場にある川口くんは、「はやぶさ」はサンプル採取には失敗したことを認めつつ、「イトカワ」の地表でバウンドしたことをもって、「世界初の着陸、離陸に成功した探査機になった」と表現をしたのです（笑）。新聞記者たちは呆気にとられますが、彼は構わず「これは世界初です」と強弁を張った。言っていることは嘘ではありませんが、どうにも複雑な思いに駆られた記者会見だったことを記憶しています。

渾身のVサイン

「はやぶさ」に残された時間はそう多くありません。一週間後の一一月二六日、二度目の着地が試みられました。これで最後のチャンスだという判断から、たとえ障害物があったとしてもかまわず降りようということで、センサーもオフにしてしまいました。

このときは非常にスムーズに「はやぶさ」が降下していきました。そのうち、コントロールセンターには、着地してサンプラーホーンから弾丸を発射する命令が出されたことを知らせるランプが点灯。それと同時に、私はコントロールセンター内の様子を映す固定カメラに向かって、Vサインを出しました。

実は、私は前から新聞記者の人たちと約束をしていて、近くのプレスルームで固定カメラを通して様子を見ている彼らに、着地が成功した場合にはなんらかの合図を送って知らせることにしていたのです。あとで聞くと、私が出すVサインを見て、新聞記者の人たちもワーッと沸いて、急いで本社に「成功」というメールを打ったそうです。

ところが、「成功」に沸いたのもつかの間、地面から舞い上がって「イトカワ」から離れた「はやぶさ」と交信してみると、燃料漏れが起きていることがわかりました。結局は燃料がすべてカラになり、ガスジェットが使えなくなってしまいました。すでにリアクションホイールが二つ壊れていますので、ガスジェットが使えなくなると、「はやぶさ」の姿勢を制御する術はありません。

さらに悪い事態が発覚します。発射指令のランプこそ点灯したものの、実際にはサンプラーホーンから弾丸は発射されていなかったのです。

サンプラーホーンから弾丸が発射されるときに、「はやぶさ」の角度が一定以上傾いていると、発射された反動であらぬ方向に行ってしまう危険があります。そうした事態を防ぐために、「はやぶさ」の角度が大きすぎる場合には、弾丸を発射しないようプログラムがなされていました。なんと、そのプログラムが作動していたのです。

途絶えつつある電波

ただし担当者は、それまでの実験を通して、サンプラーホーンが着地さえすれば、たとえ弾丸が発射されなかったとしても、ホコリのようなものが絶対に舞い上がると確信していたのです。

彼は断言しました。「舞い上がったホコリは、必ずカプセルに収納されています。八〇%の確かさで、なんらかのサンプルが採取できているはずです」。当時はみんなして疑っていましたが、後日、実際に戻ってきたカプセルを開いてみたら、本当にサンプルが入っていました。

とはいえ、それはあくまで後日わかったことです。この段階では、何よりもまず「はやぶさ」を地球に帰還させることが重大な課題となっていました。しかし、先ほども述べたように、姿勢制御はできなくなっている。専門家ではない新聞記者の人たちも、もう諦めているかのような雰囲気でした。

それでも、われわれ現場は決して諦めませんでした。幾晩も徹夜を続け、最終的には「イオンエンジン」というメインの推進エンジンを使って姿勢制御をするという、奇抜なアイデアにたどり着きます。

「はやぶさ」には、イオンエンジンが四台載せてありました。その噴き出し方を変えることで、機体が回転するようにする方法です。具体的には、イオンエンジンのなかの中和器からキセノンという物質を噴射し、微妙に姿勢を変えていく。細々とした回転にしかならないので、姿勢制御には慎重さを要しますが、ともかく「はやぶさ」はゆるゆると制御することが可能にはなりました。こうして一二月四日にイオンエンジンによる姿勢制御を始めた「はやぶさ」ですが、不運は重なります。八日には、またもやトラブルが発生します。通信が途絶してしまい、「はやぶさ」が行方不明になったのです。

私はあまり悲観的な性格ではありませんが、さすがにこのときばかりはまいりました。ハレー彗星探査のときに使った長野県・臼田の巨大アンテナを使い、「はやぶさ」からの電波をキャッチできるまで、指令を送りつつひたすら待つ日々が続きました。

それでも電波が来るのを待っていると、年明けの二〇〇六年一月二三日、ついに「はやぶさ」からの電波がやって来ました。一か月ぶりの電波です。それ以降は、時々頼りない会話ができるようになりました。

ただし、細々とした通信路しかつながっていないため、ワンビット通信と呼ばれる、イエス・ノーの会話だけで「はやぶさ」と交信するしかありません。ワンビット通信では、

「はやぶさ」の状況を把握するだけでも、かなりの時間と根気が要求されます。ここから、気が遠くなるような作業が続くことになりました。

困ったときの神頼み？

ワンビット通信の担当者は、「はやぶさ」との緊張を要する作業に専念していました。その一方で、担当者以外の人々は、手伝いたいけれども手伝うことがない。気持ちだけが焦り、イライラする毎日でした。

しかたがないので、ポットのお湯を替えるなど、担当者がなるべく仕事をしやすいように動き回りますが、そうやってできることにも限りがあります。すぐに暇になって、みんなは再びイライラに陥っていきました。

そんなある日、コントロールセンターのモニターに「飛行安泰」と書かれたお札がマグネットで貼られました。どうやら、誰かが学会で京都に行った際に、飛行神社というところでお札をもらってきたようでした。暇になってイライラしていた連中は、このお札を見て「そうか、神社に行く手があるな」と考え、こぞって神社めぐりに行き始めます。そのうち、コントロールセンターにはいろんなお札が掲げられ、ちょっと異様な光景となりました（笑）。

ある日、そのお札を見ていたプロジェクトマネージャーの川口くんを、若い人が「プロマネは神社に行かないんですか？」と冷やかしたことがありました。川口くんは「『はやぶさ』が『イトカワ』を飛び立ったときは、イオンエンジンの中和器で救われたから、もし『中和器神社』でもあれば行くよ」と冗談で返しました。すると、若いスタッフはすぐにネットで調べて、「『中和』と書いて『ちゅうか』と読む『中和神社』ならあります」と、本当に見つけてしまったのです（笑）。

その中和神社は岡山県にあったのですが、川口くんは「行かないと士気に関わる」と言って、忙しいなか日帰りでお札をもらいに行きました。たまたま宮司の奥さんが「はやぶさ」の大ファンだったこともあり、お祓いをしっかりしてくれて、特別仕立てのお札をもらうことができました。その「中和神社守護」というお札も、コントロールセンターのお札の群れのなかに加わりました。

このように神頼みをしてしまうくらい、このときは「はやぶさ」プロジェクトのなかでも一番苦しかった時期でした。

最後の試練

それにしても、単純なワンビット通信というのは本当に時間がかかります。ワンビット通信を開始したのは二〇〇六年一月からですが、やっと「はやぶさ」の制御が利くようになったのは〇七年四月のことでした。長い苦労が実るまでに、一年半近い月日がかかった、ことになります。

ともかく、これで地球に戻る軌道に乗せることができれば、あとは帰ってくるだけとなります。さらに三年近く「はやぶさ」は地球へ向かって飛び続けました。

ところが、あと半年くらいで地球に到着するという段階で、最後の試練が訪れます。〇九年一一月四日、四つのイオンエンジンがすべて故障するという、絶望的な事態が発生してしまいました。さすがにわれわれも諦めて、「もう終わりです」という記者会見を開いたものです。

新聞記者のみなさんもがっかりしていましたが、幸いにも、われわれを責めるような声は聞かれませんでした。それまでに「はやぶさ」プロジェクトで達成すべき八つの「世界初」のうち、すでに六つは達成できていたからです。ある新聞は「金メダルを六個取ったようなものだ」と書いてくれました。

記者会見では厳しい質問が出ることもなく、むしろ褒められるばかりでした。私は涙を流す川口くんを見て意外に思いました。褒められて涙が出るような男とは思ってもいなかったからです。

ところが、記者会見が終わってコントロールセンターに戻る廊下を歩いていると、川口くんは「ああいう温かい雰囲気の記者会見は問題だな」とつぶやきました。それを聞いて私もようやく、先ほどの涙は「感動の涙」ではなく、「悔し涙」だったことに気がつきました。川口くんは、失敗したプロジェクトを褒められ、それで満足するような男ではありませんでした。

このとき、「奇跡」が起きます。コントロールセンターに戻ると、イオンエンジン担当の國中均くんが意外なことを言うのです。

「イオンエンジンはすべてダメになりましたが、帰ってくる方法はあります」

実は、四台のイオンエンジンはそれぞれプラスとマイナスの対からできていて、エンジンが故障したといっても、プラスとマイナスのすべてが壊れたわけではありません。あるイオンエンジンではプラスは壊れていてもマイナスは生きており、別のイオンエンジンではマイナスはダメだけどプラスは動いている。そうして残っているプラスとマイナスを組み合わせれば、原理的にはイオンエンジンを稼働させることができるというわけです。

　私もその可能性は原理的には理解していました。しかし設計図を見てみると、別々のイオンエンジンのプラスとマイナスはつながっていないため、実際には稼働させることができません。そのため、いくらエンジンの半分ずつが生きていたとしても、意味がないと諦めていたのです。

　ところが、エンジンを設計した当人である國中くんは、「今になって大変申し訳ないのですが、イオンエンジン同士はつないであるんです」と言い出しました。設計図ではつながっていませんから、明らかにルール違反で勝手につないだということです。試験もすべて済んだあとで思いついたことだったので、誰にも相談しないでやってしまったとの話でした。

　この話を聞いて、本来なら川口くんは「俺はそんなこと聞いてないぞ」と怒るべきだったのでしょう。しかし、今は藁をもつかむ気持ちです。本当につないであるなら試してみようということで、さっそくテストを始めました。

　祈るような気持ちで、イオンエンジン同士を連携させてみます。あとは固唾をのんで見守るしかありません。すると、エンジン一台分より小さい推進力ではありますが、しっかりと動くことが確認できました。

　思わずみんなが「ウワーッ」と歓声を上げて、川口くんもとても嬉しそうに笑っていたことを印象深く覚えています。彼はめったに笑わない男ですから、大変感動的なシーンでした。

　こうして、まさに劇的に「はやぶさ」は回復し、地球へと再び飛び始めることになりました。このときの奇跡は、「國中マジック」とか「イオンエンジンマジック」といったさまざまな言葉で、世界中の新聞や雑誌にも取り上げられたものです。

「はやぶさ」の涙で曇った写真

　二〇一〇年六月一三日、いよいよ「はやぶさ」が地球に帰ってきました。

　最後に大気圏に突入すると、「はやぶさ」の本体はバラバラになっていきます。そのときの様子は、アメリカの飛行機が写真や動画で撮ってくれました。もちろん、本体はバラバラになっても、肝心のカプセルだけは生き抜いています。

　「はやぶさ」自身も、大気圏に突入する直前に「最期」の写真を撮っていました。姿勢制御が完璧にはできないため、八枚撮った写真のうち、かろうじて七枚目にボーッと地球

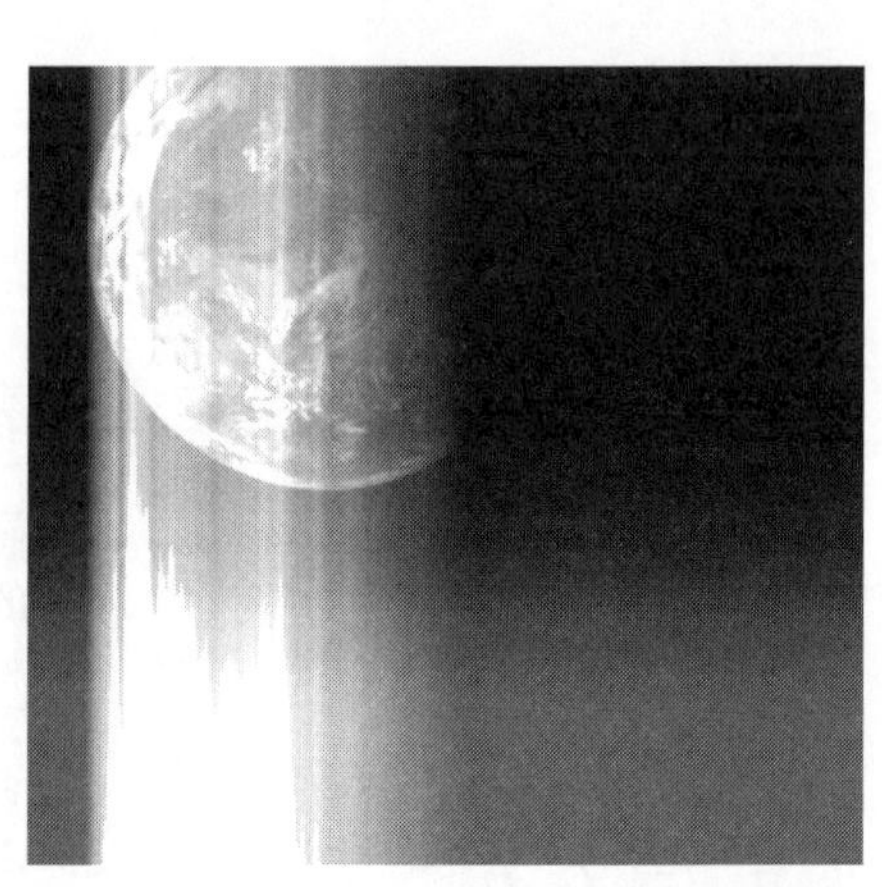

図5-5　「はやぶさ」が最後に残した地球の写真（提供：JAXA）

が写っている程度ではあります（図5－5）。ただ、このボーッとした写真が、むしろ多くの日本人の心を捉えたようです。

　この写真を見た「はやぶさ」プロジェクトの画像処理班は、すぐに処理をしてきれいな写真にしてくれました。ところが、「はやぶさ」の涙で曇っているような写真だということで、マスコミも処理前のぼやけた写真を好んで使う。いかにも日本人らしい感覚です。画像処理班は一生懸命処理したのに、誰にも使ってもらえないわけですから、少しかわいそうに思えたくらいです。

「はやぶさ」が残したカプセルはパラシュートで回収されました。そのなかからは、幸いなことに千数百粒もの微粒子が見つかっています。

　その後、成分分析もある程度進んで、それらの微粒子は四五億四〇〇〇万年前のものだということが確定しました。さらに、「はやぶさ」が採取した微粒子は世界中の科学者に公平に配られ、それがきっかけとなって、地球がどのようにできてきたかという論文がいくつも書かれました。

「はやぶさ」の真価は、未来に発揮するかもしれません。実は、「はやぶさ」が持ち帰ってきた微粒子のうち、数十%はまだ分析しないまま残しています。というのも、今から五〇年後、一〇〇年後には、人類の分析技術が遥かに進歩すると予想されるので、そのときのために残してあるのです。同じような理由で、アメリカのアポロ計画で持ち帰った月の石も、三〇%ほどはまだ手付かずのまま保存されているといいます。

未来の人類が、「はやぶさ」の遺産を役立てることを願っています。

「適度な貧乏が原動力だ」

「はやぶさ」の帰還は、日本に大変なブームを巻き起こしました。毎日のようにテレビで報道され、関連書籍も山のように出版されました。

帰還から二週間後、私は「クローズアップ現代」(NHK)に出演していました。「はやぶさ」の特集をする回だったためですが、番組の最後に「『はやぶさ』が成功した原動力をひとことで言ってください」と質問されました。事前の打ち合わせにはない質問だったので少し困りましたが、私が必死に考えて出てきたのが「適度な貧乏が原動力だ」という言葉でした。

私がこの言葉で伝えたかったのは、日本の宇宙開発は貧乏だったがゆえに、何度ピンチに陥ってもアイデアでそれを乗り越えてきたということです。本書をお読みになればお気づきになるように、予算が少ないので手分けして全国を回って作った探査機だからこそ、システムの隅々までみんなが知っていた。だからこそ、「はやぶさ」のようなトラブルに際してもアイデアの「引き出し」を使うことができたのです。日本の宇宙開発の歴史には、「アイデアで勝負する」という流儀が脈々と受け継がれています。

番組を見た人からは、大きな反響をいただきました。なかには、「あの言葉をわが社のモットーにしたい」という中小企業の社長さんまでいたくらいです。

しかし、誤解のないようにあえて付け加えますが、私は決して貧乏に価値があると言いたいわけではありません。大事なのはあくまでも「志」であり、「志」があれば貧乏という逆境もむしろプラスに働くということを言いたかったわけです。

さらに「はやぶさ」が成功した原動力について一つ付け加えておくと、「想定外」への対応力ということも挙げられます。

宇宙開発の現場では、想定していなかったことが起きるということは当たり前です。それこそ宇宙開発の歴史は、これまでの一〇〇年間に宇宙から想定外のトラブルによっていじめられてきた歴史ということもできる。ですから、「想定外のことが絶対に起きるという想定」を常に持っていなければなりません。

二〇一一年三月に起きた原子力発電所の事故のあとにマスコミで「想定外」という言葉が躍りました。想定外への対応が大事だという想いを強くした事件でした。

JAXA命名の経緯

初代「はやぶさ」が旅立った二〇〇三年、出発の四か月後に日本の三つの宇宙関係機関（宇宙科学研究所、宇宙開発事業団、航空宇宙技術研究所）が一緒になって、単一の宇宙機関になりました。余談になりますが、新組織命名の経緯の裏話をここでご披露しましょう。

私は、新しい機関に名前をつける命名委員会の責任者にさせられました。委員会ですぐに決められた名前は「日本宇宙機構」でした。早速当時の文科大臣・遠山敦子さんに相談したところ「いい名前だ」ということだったのですが、内部の航空関係者からクレームが寄せられました。「航空」という字を入れてほしい——というのです。ただし、それでは長すぎるので「日本」を省いて「宇宙航空機構」としました。

すると今度は、「飛行機」に関係した仕事をしている他省庁からの声が寄せられました。航空はウチもやっているから、入れ込むなら「研究」とか「開発」とかの言葉を入れたらどうか——とのことです。

その声も取り入れた結果、落着した先は「宇宙航空研究開発機構」。えらく長い名前になってしまったのです。発足にあたっての記者会見では、初代理事長の山之内総一郎さんが組織の名前をうまく言えなくて、何度も「噛(か)んだ」のは仕方ありません。

なお、管轄の文部科学省からは、「英語はお任せします」ということだったので、みんなで議論を始め、ぜひ含めようと出てきた単語は三つ——Japan（日本）とAerospace（航空宇宙）とAgency（機構）でした。しかし、略称を作るとなると、この三つのイニシャルをどう組み合わせても、他の組織とバッティングしてしまうのです。

そこで、もう一つ文字を加えようということになりました。入れるなら組織の個性を際立たせるアルファベットがいいということは一致したのですが、なかなかいい案が出てこない。もう発足の日が目の前に迫った頃、地下鉄の田園都市線に揺られながら、私の頭にハッと浮かんだのがExploration（探検、踏査）という言葉でした。

この案は、その日に開かれた委員会に提案して、全員一致で認められました。Japan Aerospace Exploration Agency、略してJAXA。幸いにして、国内でも国外でも、その後決めたロゴとともに、評判は大変いいようです。

「はやぶさ2」がめざすもの

本章の最後に、「はやぶさ2」についても少しお話ししておくことにしましょう。

「はやぶさ」の後継機となる「はやぶさ2」は、二〇一四年一二月三日に打ち上げられました（図5-6）。現在は、「リュウグウ」という小惑星に向かって飛んでいるところで、二〇一八年夏には到着する予定となっています。

そのあとは「リュウグウ」にしばらく滞在して、一九年一二月には出発、地球を目指します。「イトカワ」のときと違って、今度は一年半も滞在しますから、さまざまな観測をすることができるはずです。「はやぶさ2」が地球に戻ってくるのは、二〇年一二月の予定です。東京五輪の余韻も少し冷めた頃に、戻ってくることになるでしょう。

小惑星の名前である「リュウグウ」は、浦島太郎の玉手箱の連想から来ています。四十

図5-6　小惑星探査機「はやぶさ2」のイメージ図（イラスト：池下章裕）

数億年前の記憶を留めているもの、という意味合いです。

また、水があることも意味しています。「イトカワ」は岩だらけでしたが、「リュウグウ」には水を含んだ有機物があると考えられているのです。「はやぶさ2」のミッションを通して、地球の起源だけでなく、生命の起源に迫るデータも、相当豊富に得られると期待されています。

あの「はやぶさ」の後継機ですから、当然世間の注目は高い。「はやぶさ2」のチームは大変なプレッシャーを感じているようです。

私が現場に様子を見に行ったとき、どうも元気がなさそうなので心配して話を聞いてみたら、「まだ『はやぶさ2』では何も起きていないので不安だ」という（笑）。先代の「はやぶさ」があまりにもいろんな事件を起こしたので、何も起きないことがかえって不安にさせてしまうのでしょうか。

とはいえ、何もトラブルが起きないことは、基本的にはいいことです。このまま大きな問題もなく、「はやぶさ2」が成功を収めることを願いたいと思います。また何か起きたとしても、不屈のチームワークで乗り越えてくれるものと信じています。

第六章　宇宙開発の現在と未来

いま宇宙をめざす意味とは？

ここまでは、日本が過去に取り組んできた宇宙開発について、その画期となったプロジェクトごとに見てきました。戦後日本の宇宙開発が経験してきた苦労と達成感を、みなさんにも共有していただけたのではないでしょうか。

こうしてまとめてみると、よく達成できたなと思うものばかりです。とくに他国と比べて資金が潤沢とはいえない環境下で、考えに考え抜いたアイデアで勝負し、時には町工場の力も借りるほど産官学の連携を示せたことは、誇りにすべきことと思います。また、そこに日本的な方法論があったということができそうです。

日本の宇宙開発は、これからも更なる発展を遂げていくことでしょう。そこで、本書の締めくくりとなるこの第六章では、日本の宇宙開発の未来についてお話ししたいと思います。

そのためにまず、世界各国の宇宙開発の現状と展望について述べ、そうした環境のなかで日本が果たしていく役割について、考えることとします。

まずは、世界各国における宇宙戦略についてです。ここでは、「目的」と「技術」の二点から整理してみましょう（図6－1）。

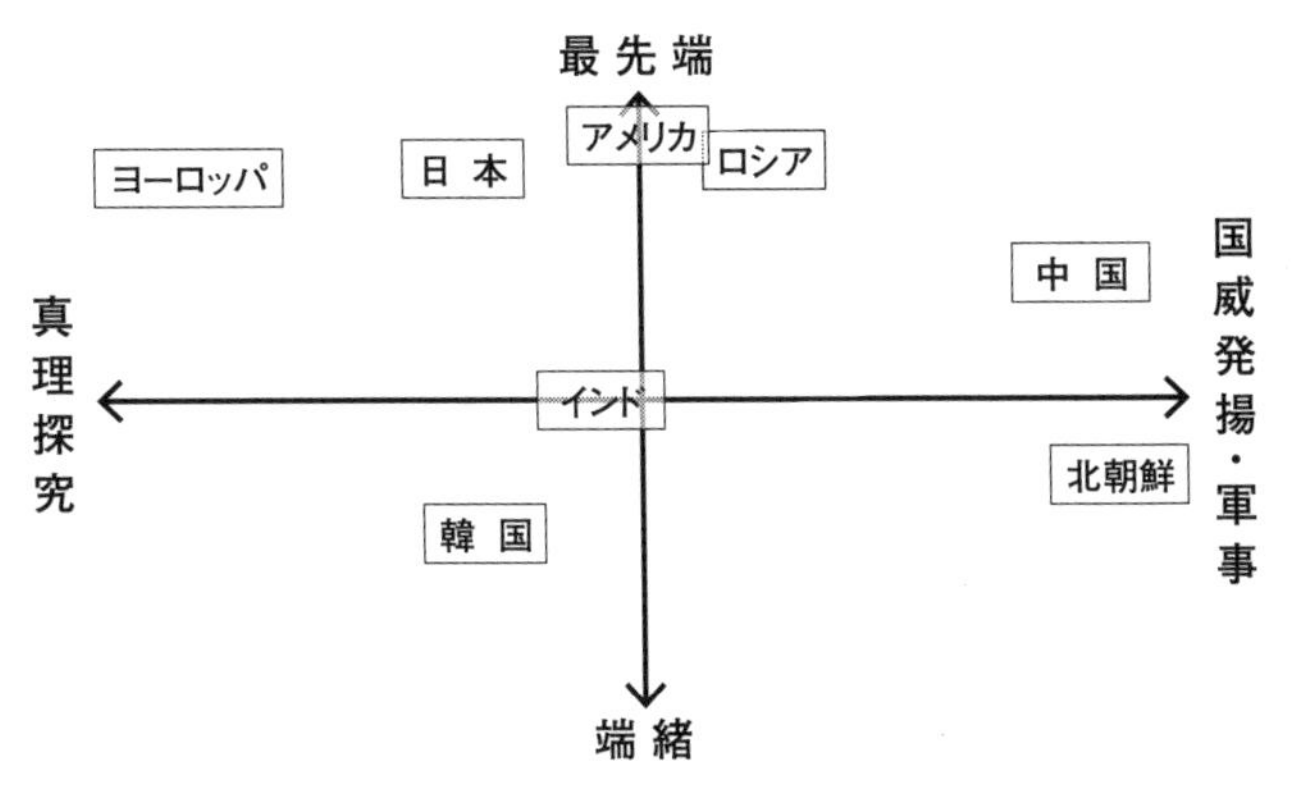

図6-1　主要国の宇宙戦略

宇宙開発の「目的」については、その始まりから「国威発揚」と「真理探究」の二つが挙げられます。当然、国によって比重のかけ方が異なります。また、「技術」という面については、「最先端」と「端緒」のあいだでどの段階にいるか、これも国によって違う。それぞれ見ていきたいと思います。このような表現方法は、もともと私の研究所の先輩である西田篤弘さんの工夫になるものです。

超大国アメリカの戦略

最初に見ていくのはアメリカです。誤解を恐れずにいえば、アメリカは「何でも世界一になりたい」というお国柄なので、国威発揚につながる政策を重視しています。宇宙は科学技術のフロンティアですから、依然として宇宙開発にかける予算も膨大です。

しかし、NASAは小規模になってきています。実は、NASAの宇宙開発予算よりも軍のそれの方が多くなっているのです。もちろん、NASA単体の予算だけを見ても日本に比べれば非常に大きいのですが、軍の宇宙開発予算はそれよりももっと多い。具体的に見ると、二〇一〇年に策定された国家宇宙政策では、年間四・五兆円もの巨大な予算が組まれ、軍（国防総省）が二・五兆円、NASAが一・八兆円となっています。

ですから、たとえばアメリカは一方で「スペースシャトルは引退した」と言っているけれど、軍がその関連技術をきっちりと継承しているのです。技術は失われることなく保存され、さらに最先端を追求し続けています。したがって、国威発揚という側面を強く持ちながら、真理探究という目的とも常によいバランスを保ち、最先端を走るというのがアメリカの宇宙戦略です。

アメリカで注目すべき動きは、民間企業が続々と宇宙政策に参加していることです。いわば「宇宙政策民営化」です。地球を周回する人工衛星の打ち上げや国際宇宙ステーションへの物資移送については、NASAではなく民間が行うことを奨励しているのです。

その方針は、今のところ成功しているように見えます。現在、「スペースX」と「オービタル」という二つの会社が、自前のロケットで国際宇宙ステーションに物資を運んでいます。まだ完全には安定していないようですが、そのうち民間ロケットの運用も安定してくると思います。他にも続々と民間のベンチャーが参入しつつあります。

国際宇宙ステーションへの輸送については民間に任せる一方で、月や惑星といった遠いところに行くにはリスクが伴います。そこは、NASAが全力を挙げて引き受ける。こうした役割分担ができつつあるのがアメリカの強みでしょう。中長期的な目標として、アメリカは二〇三〇年代に火星に行くという目標を掲げています。

ロシアは月面探査へ

もう一つの宇宙大国であるロシアは、アメリカに比べて国威発揚の目的がとても色濃い国です。真理探究という意味合いはやや弱く、国のふところを温かくすることも含め、よくも悪くも国の威信を賭けて宇宙開発を続けている。

ただし、技術的には最先端を維持しています。しかしながら、最近のロシアはあまり科学に予算を割かなくなったため、新プロジェクトはほとんど立ち上がっていません。旧ソ連時代には、人類で初めて人工衛星を打ち上げたり、最初に月へ探査機を飛ばしたりしましたが、近頃はそういう余裕もなかなか生まれないようです。

ロシアの年間予算は三〇〇〇億円くらいと見られています。予算額としては決して多くないのですが、一九六〇年代からの蓄積がありますし、ロケットなどは軍事用のミサイルを安く転用できますので、うまく節約しながら宇宙開発を進めているようです。

アメリカが火星に目を付けているのに対し、ロシアは月面探査に力を入れています。アメリカのアポロ計画は莫大なお金を使いましたが、そのわりには科学的なリターンはさほど大きくなかった。そのため、月面探査にはまだまだ科学的な余地があります。

ヨーロッパと日本

ヨーロッパについてはどうでしょうか。十数か国で「欧州宇宙機関」という組織を作り、宇宙開発が行われています。予算の分担比率は圧倒的にフランス、ドイツ、イタリアといった国が多いですが、予算の多寡にかかわらず、合同してプロジェクトを進める体制ができています。

ＥＳＡの宇宙戦略は、純粋な真理探究に重きを置いています。というのも、軍事的な目的はＥＵが分担しているからです。ＥＳＡは学術的な活動が活発で、技術的にも最高レベルに達しています。二〇〇七年には欧州宇宙政策を採択しており、学術的に大変意欲的な計画を進めてきています。

ヨーロッパの予算は年間五〇〇〇億円。ヨーロッパの十数か国で使える予算が、アメリカ一か国の一〇分の一という計算です。とはいえ、ヨーロッパの宇宙予算は漸増傾向にありますから、真理探究という点で今後の発展に期待したいところです。

最後に日本についてですが、技術的には間違いなくトップレベルです。一方、「目的」としては、ヨーロッパに比べると国威発揚寄りですが、アメリカに比べると真理探究寄りに位置しているといえるでしょう。数年前までは、日本はもっと真理探究型の宇宙開発でしたが、最近では学術的な目的だけでは予算も通りにくく、より国民生活に役立つような宇宙開発が求められるようになっています。と同時に、軍事目的の宇宙開発も要求されており、以前よりも「目的」が多様かつ不安定になっている印象は否めません。

日本の宇宙予算は三〇〇〇億円くらいですから、ロシアとほぼ同じ規模です。とはいうものの、日本の場合は宇宙関連の軍事予算が別枠として設けられていません。そうした意味ではロシアと単純比較することは難しく、やはり持ち前の発想力で打開する必要性があるでしょう。

二〇一七年七月三〇日、日本初となる民間単独のロケットが打ち上げられました。残念なことに完全な成功ではありませんでしたが、徹底的なコストカットが図られるなど、これまでの宇宙開発とは異なる方向性が示されています。まだ日本の民間宇宙事業はスタートラインに立ったばかりですが、期待を持って見守りたいと思います。

中国とインドの野望

二〇世紀の宇宙開発は、ほとんど以上のような国々が中心となっていました。一方で、最近では宇宙開発の新興国も決して無視できる存在ではありません。そうした国々の動向を見てみましょう。

まずは中国です。二〇一三年、中国は月面に無人探査機を送り込むなど、宇宙輸送の技術としては近年大きく飛躍しています。ただし、学術的な国際貢献という意味では、どれだけ成果が出ているのかは疑問です。若い人たちが競って宇宙を志しているので、めざましい発展を遂げる可能性を秘めています。

中国が宇宙開発を進める「目的」は、明らかに国威発揚です。世界有数の経済大国になったとはいえ、宇宙開発分野ではほとんど実績を残しておらず、遅れを取っていることは否定できません。そのため、国威発揚の一環として宇宙開発を進めており、真理探究という側面は、課題として残されています。

中国の年間予算は、形式的にはおよそ二〇〇〇億円とされます。熱心なのは宇宙ステーション計画で、二〇二〇年代に中国独自の宇宙ステーションを完成させる狙いのようです。

中国に対抗するかのように、宇宙開発に邁進するのがインドです。もっとも、インドの場合は国威発揚という面だけではなく、真理探究という狙いも明確です。両者のあいだで非常にバランスが取れた宇宙開発を進めているようです。

予算はやや小規模で、七七〇億円ほどです。技術的には中国と大差がありませんが、アメリカやヨーロッパなどとも協力して、科学観測の実績を積んできています。

以上が、宇宙開発における現代の主要国ということになるでしょう。二〇世紀からの先進国がその技術を維持しつつ宇宙開発の目的を多様化させる一方で、二一世紀の新興国が主として国威発揚のために本格参入した、とまとめることができるでしょう。

宇宙の「二〇二四年問題」

先ほど、中国が宇宙ステーション計画を進めているとお話ししました。その背景にあるのは、国際宇宙開発の「二〇二四年問題」です。現在使われている国際宇宙ステーション（ISS）が、二〇二四年に寿命を迎えるという問題です。

ISSは、宇宙における国際協力の象徴といえます。ISSが使えなくなると、国際宇宙開発は次なる目標を探す必要に迫られます。アメリカが火星探査を提唱し出したのも、ポストISS時代の国際宇宙開発を主導するという意図があります。

そんななか、中国が独自の戦略を打ち出しました。宇宙ステーションを新たに作り、そこに各国が参加するよう呼びかけているのです。これからはアメリカもロシアも国力が落ちていくので、世界の中心たる中国が宇宙でも主導的役割を果たしていく、との野心が感じられます。

先ほど中国は宇宙開発の「新興国」と述べましたが、すでに有人宇宙飛行には成功していますし、宇宙ステーションの試験機も作っています。戦略に技術が追いつきつつあるのです。まずは、旧ソ連が作った「ミール」のような宇宙ステーションを打ち上げ、そこに各国が打ち上げた宇宙ステーションをドッキングさせていく――。中国が提唱するのは、そうした方式の国際宇宙ステーションです。

二〇二四年以降の宇宙開発をどうするか。それぞれに戦略が異なるとはいえ、どの国も進むべき道を探っているのが現状です。

有人宇宙探査の技術を持っていない日本は、残念ながら世界を先導する立場にはありません。したがって日本は、国際協力のあり方をデザインし、そこに最大限の貢献をすることが求められています。

日本人宇宙飛行士の月面探査計画

ポストＩＳＳの宇宙戦略の一環として日本が計画しているのが、有人月面探査です。まだ正式に決まったわけではありませんが、二〇二五年以降に日本人宇宙飛行士を月面に送る計画について、国の委員会で議論が進められています。

有人月面探査については、二〇一八年三月までに方向性がまとめられる予定です。いずれにしても日本が独自に有人宇宙船を開発するわけではなく、外国の有人月面探査計画と協力する形で、日本人宇宙飛行士を送り込むことになると予想されます。

なお、無人の月面探査については、「ＳＬＩＭ（Smart Lander for Investigating Moon）」と

いう日本初の月面着陸機を打ち上げる計画が進められています。月にしっかりと軟着陸して、そこで観測するという経験を積むことが目的です。

月といえば思い出すのは、二〇〇七年に打ち上げられた月周回衛星「かぐや」です。「かぐや」には、NHKのハイビジョンカメラが搭載されていて、非常に鮮明な月の画像が送られてきたことで話題となりました。

「かぐや」にハイビジョンカメラを載せるにあたっては、大変な苦労がありました。実をいうと、私とNHKのプロデューサーの雑談がきっかけになっています。

あれは確か、向井千秋飛行士の二度目のフライトの解説をスタジオで行ったあとのことです。喫茶店で雑談をしていると、そのプロデューサーが、NHKが開発しているハイビジョンカメラの話をしたので、ふと思いついた私は「それを『かぐや』に載せて、『日の出』ならぬ『地球の出』を撮影できませんか」と言いました。相手は「そんなことできるんですか?」と驚いていましたが、せっかくの話なのでぜひ載せたいということになり、私はこのアイデアを研究所に持ち帰ることになりました。

ところが、研究所のなかからは大反対が起きます。というのも、すでに「かぐや」に載せる機器は決まっていて、もしNHKのカメラを載せるなら、代わりにどれか降ろさなけ

図6-2　「かぐや」が撮影した地球（提供：JAXA ／ NHK）

図6-3　「かぐや」が撮影した「地球の出」の様子（提供：JAXA ／ NHK）

ればならなくなるからです。

幸いにも、私の同期の水谷仁さんが月研究のトップに就いており、彼が「『かぐや』には大きな予算が使われているのだから、国民へのサービスのためにも、NHKのカメラを載せ、世界初のビデオ映像を地球に届ければ大きな恩返しになるのではないか」と、力説してくれました。そのおかげで、カメラは搭載されることになりました。

しかし、載ることが決まったあとも、研究所内では不評でした。NHKもこういうことには慣れていませんから、テストをするたびに不具合が出る。そのたびに、「こんな面倒くさいものは降ろしてしまえ」の大合唱が起きました。

それでもなんとかテストを乗り越え、カメラは「かぐや」とともに月へ向かって飛び立ちました。地球から一一万キロメートル離れ、月へ向かう途上でハイビジョンカメラのテストを兼ねて地球を映す段階になったときは、「これで映らなかったらどうしよう」と心配したものです。結果的には鮮やかな「地球」の姿が送られてきて、心から喜んだのを覚えています。そして「かぐや」は、三八万キロの彼方から、さまざまな「地球の出」や「地球の入り」を送ってくれ、世界の人々に大きな感動を与えてくれました（図6-2、図6-3）。

水星探査計画と「みちびき」

さて、月以外にも日本の探査計画は進められています。たとえば惑星探査では、「ベピ・コロンボ」という水星探査計画がヨーロッパと共同で進行中です（図6－4）。

これは、日本とヨーロッパがそれぞれ水星探査機を打ち上げ、水星の表面や磁気圏の様子を調べるという計画です。本来は二〇一六年に打ち上げが予定されていたのですが、ヨーロッパの探査機の準備が遅れたため、一八年の打ち上げに延期されています。

図6-4　彗星探査計画「ベピ・コロンボ」のイメージ図

各国と連携するときには、お互いにお金を融通することはありません。基本的には各自が担当するところは自分で費用を受け持つことになっている。そのため、ヨーロッパの準備不足でスケジュールが延期になったとしても、日本は自分の探査機を保管する費用などを負担しなければなりません。それはお互い様なのでしかたがないのですが、保管費用もバカにならないのが実状です。

水星探査計画というのは、意外に大変な計画で、これまでに二機しか探査機が飛んでいません。というのも、水星は太陽に非常に近いので、探査機の接近には大きなエネルギーが必要となるからです。水星に行くには、木星に行くのと同じくらいのエネルギーがかかるとされます。

実をいうと、ベピ・コロンボ計画は、史上二番手の水星探査機となるはずでした。ところが、日本とヨーロッパが準備を始めたのを見て、対抗心を燃やしたアメリカが計画を立ち上げ、「メッセンジャー」という探査機を打ち上げた。そのため、ベピ・コロンボ計画は三番手になりました。

アメリカはその気にさえなれば、どの国よりも早く準備をすることができる。さすがは宇宙大国といったところです。

ただし、ベピ・コロンボ計画で使われる探査機は、アメリカのメッセンジャーよりもはるかに規模の大きな探査機となります。順調にいけば、これまでにないような成果を上げることになるはずです。また、アインシュタインの重力理論を検証する実験も計画されています。

また、私たちの生活を変えるかもしれないプロジェクトも進行中です。

二〇一七年一〇月一〇日、「みちびき」の四号機が打ち上げられ、無事軌道に乗せることに成功しました。「みちびき」は、日本版のGPS（全地球測位システム）衛星です。GPSはスマートフォンやカーナビなどに欠かせない機能ですが、どうしても数メートル規模の誤差が出てしまう。スマートフォンの地図を見ていて、「現在地はここではないのになあ」と不便を感じたこともあるでしょう。

しかし、これまでに打ち上げられた「みちびき」四機の本格運用が始まれば（二〇一八年春予定）、その誤差は最高で数センチメートル単位にまで縮まるとされています。日本上空に長く滞在できる「8の字軌道」という独創的なシステムを採用した工夫は、まことに見事という他ありません。

二〇二三年までに七機体制を完成させる計画で、今後は、さらに精度の高い災害情報の提供や、ドローン（無人航空機）による物資の輸送など、これまでにないサービスが生まれていくでしょう。また、世界各国がこの衛星を利用すれば、何かあっと驚くようなイノベーションが起きるかもしれません。

ます。

日本が果たすべき役割

以上のように、宇宙における国際貢献を果たすべく、日本はさまざまな計画を進めています。

また、近年、日本が貢献した例として非常にわかりやすいのが、補給船「こうのとり」のプロジェクトです。二〇一五年八月、日本はH－ⅡBというロケットを使って、ISSに物資を運ぶ無人補給船を打ち上げました。それが「こうのとり」（五号機）です。

この「こうのとり」は、ISSに熱烈に歓迎されました。というのも、一四年一〇月にアメリカの民間補給船の打ち上げが失敗して以来、ロシアの補給船、さらにアメリカの別の民間補給船と、三回連続してISSに行くことができなかったからです。

さすがに三回も補給船が来ないと、宇宙飛行士も物資に困ります。幸いなことに、食糧については十分な蓄えがあったそうですが、飲料水については困ったことが起きつつありました。浄化機のフィルターが底を突きそうだったのです。

実は、ISSではみんなのオシッコを浄化して飲んでいます。そのため、浄化機のフィルターが切れるのは大問題です。ちなみに、ISSに浄化機が導入された当初、一番初めに勇気を出して飲んだのは、日本人宇宙飛行士の若田光一くんでした。

補給船が三回連続して失敗したことで、フィルターの在庫が切れそうになり、このままでは「色」のついた古いフィルターを使うしかない――。ISSのなかでは、ちょっとしたパニックになりかけていたそうです（笑）。そんなときに、日本から「こうのとり」がやって来たので、ISSの人たちは大喜びしたというわけです。

それだけではありません。「こうのとり」のプロジェクトは、日本にとって大きな一歩でもありました。というのも、「こうのとり」の打ち上げからISSでの捕捉まで、日本人のチームに全面的な運用が任せられていたからです。

まず、ロケットから切り離された「こうのとり」については、ISSの一〇メートル手前までの行程を、ずっとつくばの宇宙センターで管制をしていました。そこからはアメリカのヒューストンにバトンタッチしましたが、ここでISSに指令を出したのは、ヒューストンに出向いていた若田くんです。さらに最終段階では、ISSからロボットアームを伸ばして「こうのとり」を引き寄せますが、このときロボットアームの操作をしたのは油井くんでした。

すべて日本人のチームに任されたということは、それだけ各国が日本の技術を信頼しているということの証しでしょう。日本の技術の真髄は、個人プレーではなく、チームワークにこそ発揮されます。そうした点は宇宙開発においても、十分に発揮されているといえます。

私はここに、これからの国際宇宙開発における日本の活路があると思います。中国やインドが参画したことで、多様なバックグラウンドを持つ人が共同で仕事する機会は、これまで以上に多くなるでしょう。そうしたなかで、チームプレーを得意とする日本人が触媒になってくれればと思います。

宇宙では国同士の争いもない

ＩＳＳでの滞在は、みなさまが思うよりも快適のようです。家族や友人とも離れ、さびしい思いをするイメージが先行しますが、現在では宇宙にいながらにして自由にメールや電話をすることができます。もちろん、宇宙から地球への通信が自由なだけで、地球から宇宙への通信は制限されています。言うまでもなく、イタズラや不要不急の通信を防ぐためですね。

ＩＳＳに滞在している飛行士たちは、およそ一週間に一回くらいの頻度で家族に電話をして、心の慰めにしているといいます。ある飛行士は、クリスマスに奥さんに突然電話して、「宇宙からだよ」と冗談ぽく話しかけたところ、「あんた誰」と冷たく返されたといいます。どうやら、間違った電話番号にかけてしまったらしい（笑）。まあこれは笑い話ですが、それくらい自由に電話をかけることができるわけです。連絡の不便さでいえば、海外出張に行くのとそれほど変わりないかもしれません。

二〇一四年、日本人初のＩＳＳ船長として若田くんが活動していたときのことです。私はＩＳＳにいる若田くんと何度かメールを交わしましたが、いつもなら楽しい報告をしてくれるのに、いささか緊張した文面だったことがありました。

当時、地球上ではウクライナ危機が勃発し、ロシアとアメリカは激しく対立していました。そして当時のＩＳＳでは、若田くん以外のクルーはロシア人とアメリカ人だけだったのです。

若田くんのメールには「いつもの休日ならば、アメリカ人もロシア人も一緒に食事をして楽しく過ごすのですが、今度ばかりはそうもいきません」といったことが書かれていました。そこでＩＳＳでは、地球上でアメリカとロシアが対立しているなか、われわれクルーはどうすべきかと大変真剣な議論を行ったそうです。

その結果、地球上で両大国が対立しているからこそ、せめて宇宙ではしっかりと協力をして、いい仕事を見せなければならない、ということになりました。若田くんは、「いつも以上に綿密な連携をとっている」とメールで報告してくれました。

一方で、「ロシアの『ソユーズ』は、いつまでわれわれを運んでくれるのでしょうか」といった不安も吐露していました。アメリカのスペースシャトルが引退したいま、ＩＳＳに人間を送り込むことができるのはロシアの「ソユーズ」だけです。もしロシア政府が「ロシア人以外は運ばない」といった決定を下せば、ＩＳＳにおける国際協力体制は一挙に崩壊してしまいます。

幸いなことに、アメリカが対ロシアの経済封鎖を行う状況に至っても、この国際協力体制は崩れませんでした。「ソユーズ」は黙々とアメリカ人をＩＳＳへと運び続けたのです。プーチン大統領もオバマ大統領（当時）も、ＩＳＳについて言及することはありませんでした。つまり、どちらの国にとってもＩＳＳは、引くに引けない、いい意味で「もたれ合った連携関係」にあるわけです。

地球全体を巻き込むプロジェクトを！

若田くんが地球へと戻ってきたあと、東京・神田の蕎麦屋（そばや）で飲みながら、宇宙における国際協力体制について話し込みました。そこで酒の勢いも手伝って、私はこんな話をしました。

国際協力ということで思い起こされるのは、古代ギリシアです。古代ギリシアでは、オリンピックが始まると、それまでどんなに激しい戦争をしていても、わずか五日間のオリンピックのために三か月は必ず停戦をしたといいます。それくらい、古代ギリシア人にとってのスポーツ、オリンピックは「聖域」だったのです。

しかし、現代に生きるわれわれは、古代ギリシアと同じような「聖域」を持っているでしょうか。戦争をやめてしまうほどの、大きな物語があるでしょうか。残念ながら、それほどの「聖域」はありません。

オリンピックは現代にも受け継がれ、「平和の祭典」とも呼ばれていますが、もはやオリンピックのための停戦など考えられません。むしろ参加をボイコットするなど、国と国の対立関係が如実に表れる場となってしまいました。ウクライナ危機の真っ只中に行われたソチ（ロシア）冬季オリンピックのあいだも、ウクライナでの紛争は決してやむことがありませんでした。オリンピックでは戦争をやめることはできないし、戦争がオリンピックに影を落としてしまうのです。

しかし、唯一の例外ともいえるのが宇宙での国際協力です。ウクライナ危機が起きたにもかかわらず、ＩＳＳでは対立する国同士がむしろより強い連帯を持つことができた。これを契機に、宇宙を世界の「聖域」にして、平和の足掛かりにできないだろうか——。そんな話を、若田くんと長々と語り合ったものでした。

現在のＩＳＳは、たかだか先進十数か国が協力しているだけで、新興国などその他大多数の国々は参加していません。したがって、貧しい国も戦火の国も含め、地球全体を巻き込むような「聖域」は、まだ宇宙にも存在していない。

しかし、地球全体を巻き込むようなプロジェクトを立ち上げ、それを宇宙で実現していくことは、将来的には不可能な話ではないと考えています。そのような、まだ姿を現していないプロジェクトを創造して成し遂げるのは、現在の小学生や中学生の世代になるはずです。そのとき、本書で紹介してきたような日本人の発想法やチームワークが、これまで以上に輝くはずです。

本書の最後に、金子みすゞの詩を紹介して終わりたいと思います。彼女は、あまりにも有名な詩を残しています。

鈴と、小鳥と、それから私、みんなちがって、みんないい（「わたしと小鳥とすずと」）

私という人間、人間ではない小鳥という生き物、そして生き物でもない鈴という物体が「みんなちがって、みんないい」と言ってしまえる。そこには、一見異質にも思えるそれぞれの生活であっても、宇宙という存在が貫いているのだという感覚が読み取れます。この作品に限らず、金子みすゞの詩はどれを読んでもそういう精神があふれていて、私はいつ読んでも感動してしまいます。

未来の日本人へ

本章の冒頭で、各国がさまざまな「目的」で宇宙開発を続けていると述べました。それも無理はありません。しかし、さまざまな「目的」で集ったメンバーが、対立するのではなく、ともに協力していく方向になればと思います。そうした地道な努力を続けていけば、いつしか宇宙が「聖域」となることは間違いない。そして、その触媒となる精神性が日本人には備わっていると思うのです。

あの二〇一一年三月一一日の東日本大震災のあとに、日本の大変な状況がインターネットを通じて世界の隅々にまで届けられました。

被災地で救援物資を受け取った高齢者の女性が、「ありがたい、ありがたい。でも隣町の方が被害が激しかったから、この物資は隣町に送ってあげた方がいいんじゃないかしら」と語るシーン。あるいは、物資を配給するときに人々がきちんと整列して受け取っているシーン。このような場面を世界中の人々が目にしました。

私のところには、いろいろな国の友人たちからメールが届きました。あるアメリカの友人からのメールには、「日本人というのは、なんて気高い心を持っているんだ。ハイチや中国の四川省で地震があっても、ニューオーリンズで洪水があっても、救援物資を配るシーンで目にするのは、殴り合い奪い合うシーンばかりだった」と書いてありました。ある国の元首は、記者会見まで開いて「我が国も日本の人たちのような精神を持たなければ」と絶賛していました。

みなさんは、よく「グローバリゼーション」という言葉を耳にすることでしょう。日本では、狭い島国に住む我々は「井の中の蛙」になるのではなく、広く世界を見つめて生きなければならない、という戒めと一緒に語られることが多いようです。これまでの歴史を見ると、日本人が「受容は天才だが、発信は苦手」という面を持っていることは確かでしよう。

しかしその反面、「グローバリゼーション」を別の角度から眺めれば、「地球が狭くなったこと」「地球が一つの島のような存在になっていくこと」が示唆されています。そうであるならば、他ならぬ「島」で長い時間をかけて日本人が培ってきた「みんなで助け合って生きていく」という生き方が、一つの島となった地球における人類の生き方に、大きな教訓を与えることができるのではないでしょうか。私はそう信じています。

もちろん課題は克服しなければなりませんが、日本人が世界に貢献できる時代が始まっていることに、大きな確信と志を持って前進しましょう。

宇宙という舞台を通して、さまざまな「ちがい」を持つみんなが一緒になって生きている――。そんな認識を世界中が共有する時代が来ることを信じて、次世代の日本人による宇宙貢献に期待したいと思います。

編集協力　宮島 理
校閲　ペーパーハウス
DTP　NOAH
図表作成　原 清人

的川泰宣 まとがわ・やすのり
1942年、広島県生まれ。
JAXA(宇宙航空研究開発機構)名誉教授。
東京大学工学部卒業後、同大学院工学研究科博士課程修了。
数々の宇宙開発の現場に立ち会い、
優れた啓蒙活動から「宇宙教育の父」とも称される。
著書に『月をめざした二人の科学者』(中公新書)、
『小惑星探査機 はやぶさ物語』(生活人新書)、
『新しい宇宙のひみつQ&A』(朝日新聞出版)など。

NHK出版新書 533
ニッポン宇宙開発秘史
元祖鳥人間から民間ロケットへ

2017(平成29)年11月10日 第1刷発行

著者 的川泰宣 ©2017 Matogawa Yasunori
発行者 森永公紀
発行所 NHK出版
〒150-8081東京都渋谷区宇田川町41-1
電話 (0570) 002-247 (編集) (0570) 000-321(注文)
http://www.nhk-book.co.jp (ホームページ)
振替 00110-1-49701

ブックデザイン albireo
印刷 亨有堂印刷所・近代美術
製本 二葉製本

Printed in Japan ISBN978-4-14-088533-8 C0244

NHK出版新書好評既刊